AF807486

Aceites para todo

Monique Egé
Elizabeth Mayar

Aceites para todo

TIKAL
ediciones

© Editions Morisset
© Susaeta Ediciones, SA
Tikal Ediciones
Plaza Romà Piera Arcal, 4, 3.º A
E-08330 Premià de Mar (Barcelona)
Tel.: 937 521 314
Fax: 937 523 141
ediciones.susaeta@nexo.es

Diseño de cubierta: Antonio Tello
Impreso en la UE

Índice

Introducción

Indispensables para nuestro equilibrio, las grasas o lípidos constituyen uno de los elementos fundamentales de nuestra alimentación cotidiana. Estos nos brindan la posibilidad de elaborar una cocina sabrosa al permitir el desarrollo de los demás aromas. No sólo aportan más sabor a cada plato, sino también más untuosidad.

Al pensar en las grasas, tenemos tendencia a considerarlas como elementos de características y propiedades similares las unas a las otras. En realidad, existen productos muy diferentes que se distinguen por su origen, su consistencia, su composición, su aspecto, su función y su aportación al organismo.

Existen dos tipos de grasas: las de origen vegetal y las de origen animal. Esta diferencia hace que la cocina regional gane en originalidad.

Las materias grasas han tenido, y todavía conservan en cierto grado, su propia geografía culinaria. Así, podemos distinguir entre una cocina a base de manteca de cerdo propia del norte y centro de España, y otra a base de aceite de oliva propia del este y el sur. Es quizás esta famosa cocina a base de aceite de oliva la que ha conferido al aceite su carta de hidalguía. Pero esta simplificación no debe hacernos olvidar todos los demás usos posibles de los aceites. Los aceites nos permiten cocinar sin quemar los alimentos y sin ligar los ingredientes, y también, tal como mencionan los antiguos libros de cocina, nos permiten conservar los productos alimentarios. El ajo, las especias y las verduras pueden cubrirse de aceite y conservarse en recipientes de tierra cocida o de cristal, en un lugar fresco y al abrigo de la luz. Este uso no es más que uno de los muchos que se le pueden atribuir al aceite.

La divulgación de los conocimientos de las culturas tradicionales y de las diferentes cocinas del mundo, el desarrollo de la industria y nuestros deseos de elaborar una alimentación variada han originado que otros aceites, además del aceite de cacahuete y el de oliva, hayan hecho su aparición en el mercado.

Existen pues una gran cantidad de productos, más o menos conocidos, que permiten multiplicar los sabores y los placeres, y elaborar una cocina llena de matices, lo que favorece nuestro equilibrio alimentario, cosa que hoy en día se ha convertido en una preocupación de primera magnitud.

CAPÍTULO I

El aceite, toda una historia

PEQUEÑA HISTORIA DEL ACEITE HASTA NUESTROS DÍAS

Una «historia verde»...

En primer lugar, conviene recordar que el hombre no empezó a «fabricar» aceite, sino que este ya existía de forma natural dentro de las plantas. Gracias al agua, las plantas se desarrollan y forman las hojas, las flores o los frutos. Si el agua se sitúa en el origen del metabolismo de las plantas, el aceite graso se situaría hacia el final de su ciclo, en el momento de la formación de sus semillas. Los aceites y las grasas vegetales sólo están presentes en las semillas. Estos permiten la conservación y la nutrición del embrión antes de su germinación. De alguna manera, podríamos decir que constituyen la transformación de calor en materia, en grasa.

Esta fabricación de aceite resulta indispensable para la vida y la supervivencia de las plantas, y representa un mecanismo para luchar contra el frío. Así, durante el invierno, también se puede encontrar en el tronco de los árboles para evitar el hielo. Por lo que a las semillas se refiere, el aceite y la grasa vegetal (aceites o triglicéridos) permiten proteger el embrión que se encuentra en ellas. Una grasa vegetal se compone por un lado de glicerina, un trialcohol cuya composición química es parecida a la de los azúcares, que se forma durante el proceso de fermentación de los mismos. La glicerina es un líquido espeso, aceitoso y pegajoso, que únicamente se volatiliza a temperaturas muy elevadas (290° C) y que se hiela con dificultad. La glicerina confirma su condición de alcohol al disolver el yodo, el azufre y el fósforo. Esta permite que las grasas conserven parte de las propiedades del agua. Esta función resulta primordial para la formación de los hidratos de carbono durante el proceso de la fotosíntesis (asimilación clorofílica).

El otro componente de una grasa vegetal es el ácido graso. Es un ácido orgánico que posee una gran cadena hidrocarbonada. La asociación de la glicerina y el ácido graso forma el triglicérido. Todas las plantas contienen triglicéridos en grado variable y cada tipo de planta llega a la maduración de sus semillas por procesos diferentes. Aunque la glicerina es siempre la misma, los ácidos grasos presentan una gran diversidad. Podemos distinguir entre ácidos oleico, esteárico, palmítico, araquídico, linoleico... Vale la pena recordar aquí que las plantas no producen colesterol.

Esta historia «verde» de los aceites toma caminos muy variados, razón por la cual existen tantos aceites diferentes, por su sabor, por su composición química o por el proceso de maduración de las semillas vegetales.

Una historia muy larga...

Intentar trazar de nuevo la historia del aceite parece una empresa difícil por diferentes razones. Se han realizado pocos estudios sobre el tema. La historia del aceite y de las técnicas relacionadas con él han sido objeto de muy pocas investigaciones. Se nos ocurren varios motivos para explicar esta «ausencia» de textos: en primer lugar, el aceite y su historial entroncan con la historia de la técnica e, históricamente, sólo algunos campos tales como la arquitectura, la construcción naval o incluso la fabricación de «máquinas de guerra» han sido objeto de investigaciones. Todas estas técnicas tienen un gran valor en el sentido de que han permitido al hombre realizar grandes cosas, vivir grandes acontecimientos. Siempre ha sido la «gran historia» de las tecnologías la que normalmente ha suscitado el interés de los investigadores, cosa que, a priori, ¡no es el caso del aceite!

Sin embargo, sabemos que ciertos alimentos han sido objeto de estudios e investigaciones. El café, el vino, el té, el chocolate o el pan tienen su lugar en la historia; pero es sobre todo por sus valores fundamentales o simbólicos (incluso legendarios) que estos alimentos han sido rescatados de la «pequeña historia» de los ingredientes de la vida cotidiana.

El aceite parece pues un «pariente pobre» en el ámbito de la historia de los alimentos. Esta botella que se aloja en el fondo de nuestras despensas porque no le gusta mucho la luz no tiene, en apariencia, nada de *vedette* y, sin embargo, ¡tiene una larga historia detrás de sí!

El aceite no es únicamente un alimento de nuestro tiempo; es también un ingrediente que ha desfilado por todas las mesas del mundo y por todas las épocas. Es, de alguna manera, un punto común en todas las culturas (aunque existan diferentes tipos de aceite), un nexo de unión entre todas las épocas, como bien vamos a ver. Esta última característica presenta dificultades de tipo cronológico y geográfico, motivo por el cual resulta difícil determinar su origen.

El origen del aceite

Si bien podemos decir que el chocolate tiene su origen en cierta civilización y en una época más o menos determinada, el origen del aceite no puede encajar en esta misma ecuación simple porque hablar del origen del aceite significa hablar del origen de los aceites. Puesto que si podemos encontrar aceites en todas las partes del globo es porque este se obtiene a partir de todos los frutos y de todos los productos oleaginosos. Por lo tanto, hay que intentar reconstruir el origen de esta pequeña historia del aceite dando, en consecuencia, un punto de partida escogido más o menos arbitrariamente. Ante la poca abundancia de textos que hemos encontrado, nos hemos visto obligados a estudiar la cuenca mediterránea, cuyos diferentes pueblos practicaron no sólo la fabricación sino también el comercio y la exportación de sus aceites, en especial, de su aceite de oliva.

De la antigüedad a nuestros días

La historia del aceite se remonta en el tiempo de forma sorprendente. El hecho de centrarnos en la cuenca mediterránea y la fabricación del aceite de oliva nos permite encontrar referencias certeras. Parece que se han encontrado indicios de la existencia de molinos o prensas de aceite en excavaciones que nos llevarían a la Edad del Bronce. Estos molinos o prensas de aceite, que fueron conocidos con el nombre de «separadores de aceite», eran unos simples recipientes colectores con un agujero de escorrentía. Estos permitían extraer el aceite de los frutos. Las aceitunas eran molidas a mano y a continuación una primera filtración permitía separar los «márgenes» del aceite (el alpechín). La pasta era entonces humedecida con agua caliente y la operación podía repetirse. Los mismos recipientes o vasijas servían además de depósitos de almacenamiento. Todo hace pensar que también se empleaban para fabricar aceites perfumados cuyo papel era importante en el mundo micénico. En Gornia (Creta), también se encontró un vaso de decantación de arcilla que data de la Edad del Bronce. Asimismo, existe una representación de dos hombres prensando aceite de la época del Antiguo Egipto en Mataba de Ptah Htep.

Si la extracción de aceite se remonta tan atrás en la historia es debido a que en esencia el aceite, a diferencia del vino, no debe sufrir ningún tipo de transformación química durante su proceso de fabricación. Basta con extraer el aceite del fruto en el que está contenido y aislarlo de los demás componentes.

Esta operación, completamente manual al principio, permitió el desarrollo de las técnicas de extracción. La referencia técnica más antigua se remonta al siglo IV a.C. y corresponde a la de un triturador de frutos que se parece más a una muela de molino que a un trapetum.

Si Dioniso es el dios de la prensa de vino y obtuvo con ello un lugar de importancia considerable, sólo nos queda el modesto Aristeo, inventor del molino de aceite, con su importancia.

Más aún, según investigaciones recientes, parece ser que Grecia fue la cuna de las invenciones capitales para la fabricación de molinos, la producción y la exportación del aceite.

Tenemos un famoso ejemplo de ello en la anécdota recogida por Aristóteles (Pol, II. 1559a) sobre la monopolización de las prensas de aceite por el no menos célebre Tales de Mileto.

Si bien existen algunos testimonios escritos sobre los aceites, hay pocas referencias sobre el procedimiento de extracción en sí mismo. Sólo encontramos algunos ejemplos, que no son nada desdeñables, como los de Hipócrates, que cita el aceite de oliva como base de algunos remedios, o el de Teofrasto, que hace referencia a los aceites perfumados.

Pero hay que esperar hasta el siglo XVI de nuestra era (la ilustración más antigua que poseemos) para encontrar una ilustración en la que se describieran los procedimientos de extracción del aceite. J. Stradan realizó este cuadro durante una estancia en Florencia. En él describe tres operaciones indispensables: la trituración, el prensado y la decantación.

Podemos constatar pues que el aceite ha sido extraído en todos los tiempos y que, aunque es posible encontrar referencias de su existencia en los textos, resulta más difícil abordar la historia de sus técnicas de extracción desde un punto de vista cronológico. No ha habido grandes «revoluciones agrícolas», sino una evolución lenta que ha excluido a su vez la permanencia total de un único medio de fabricación.

Como escribe Marie Claire Amouretti, investigadora de la historia antigua del CNRS (Centro Nacional de Investigaciones Científicas): «En función del medio, el hombre se ha adecuado a diversas técnicas agrícolas que han ido evolucionando, pero esta evolución no es lineal». El aceite fue fabricado pues en todas partes y sus usos fueron múltiples. Además de como ingrediente alimentario, se utilizaba como elemento religioso para ungir a una persona para bendecirla, como ungüento amoroso para suavizar la piel y como fuente de iluminación para alumbrar las largas noches. El aceite se inscribe en todos los momentos de la vida pero con una variedad sorprendente en cuanto a los métodos empleados (que no tienen nada que ver con la cronología).

En Cabila (región montañosa de Argelia), todavía podemos encontrar mujeres que emplean los métodos primitivos de fabricación de aceite a pesar de poseer molinos mecánicos *(imâinsera)*. Este viejo procedimiento de molienda manual es un método tradicional que ha sido retomado de forma deliberada. Hay que añadir que este aceite es muy apreciado por su gusto.

En Siria, a pesar de que la prensa hace tiempo que se conoce, se sigue elaborando «aceite de olivas machacadas». Esta elaboración muestra grandes paralelismos con ciertas referencias bíblicas. Este aceite se utilizaba para las lámparas de los santuarios y los pasteles de ofrendas (Números, XXVIII, 5; Éxodo XXIX, 40); ciertos rituales actuales hacen todavía una clara alusión a ellos.

En Córcega, A. Casanova, estudiando diferentes documentos de archivos (sobre todo investigaciones napoleónicas) y comparándolos con sus propias investigaciones locales, ha podido demostrar la pervivencia de los métodos de fabricación antiguos en la isla de la belleza, a pesar de la presencia de las prensas de aceite desde el año 1829.

Los corsos han utilizado el método llamado de saccula hasta el siglo XX, en que ha quedado relegado a una práctica más marginal.

Estos métodos primitivos han perdurado a pesar del desarrollo de los conocimientos científicos. La utilización de estos métodos antiguos se explica por diversos motivos: motivos religiosos (es el caso del aceite de las olivas machacadas), motivos fiscales (para evitar con mayor facilidad el control del fisco sobre las prensas de aceite), motivos económicos (menor coste que el de los molinos de aceite), etc. Sin embargo, paralelamente a esta persistencia más o menos importante de ciertos métodos tradicionales, las técnicas modernas han continuado desarrollándose para dar respuesta hoy a todas las demandas.

El aceite en nuestra sociedad: elaboración y producción de aceites alimentarios

Procedimientos de elaboración

Entre los procedimientos de elaboración industriales, podemos distinguir dos grandes tipos de producción en función de los dos tipos de materias primas existentes: los frutos oleaginosos y las semillas oleaginosas. Oleaginoso, del latín *oleaginus* (relativo al olivo), significa que una planta contiene aceite y puede suministrarlo.

Procedimientos de elaboración de los aceites a partir de frutos oleaginosos

Entendemos por frutos oleaginosos las almendras, las nueces, los cacahuetes, las aceitunas, la palma... Estos frutos no sólo contienen aceite y grasa propiamente dichos, sino que se componen también de agua y sustancias glucídicas, proteicas y minerales. Por lo tanto, es indispensable conseguir separar el aceite del resto de los componentes del fruto que se transforma, tras la fabricación, en un residuo sólido denominado «orujo».

Los aceites se obtienen por procedimientos mecánicos en los que intervienen fuertes presiones que pueden ir asociadas o no a un aumento de la temperatura. En primer lugar, se lavan los frutos a fondo, a veces incluso se descortezan o se elimina el hueso (si es necesario), y luego se trituran y se laminan. Esta operación se realiza generalmente en grandes molinos o en trituradoras-laminadoras de cilindros, con el fin de obtener una pasta que será amasada y prensada al objeto de separar el aceite de su orujo; puede realizarse con o sin calentamiento previo. A excepción del aceite virgen de oliva o aceite puro, todos los aceites obtenidos a la salida de una prensa no son realmente consumibles por diversos motivos relacionados ya sea con el gusto desagradable de los aceites, con su olor o incluso con las impurezas que contienen y que limitan su conservación. Todavía se encuentran en el estado que podríamos llamar de aceite crudo de presión. Es necesario proceder a un refinado que tiene por objeto mantener las características organolépticas (alimentación salud y alimentación placer) y la estabilidad del aceite, así como intentar optimizarlo.

El proceso de refinado de los aceites provoca a menudo escepticismo respecto a la «nocividad» de los aceites. Sin embargo, como vamos a ver, el refinado consiste en diversas operaciones que, en la mayoría de los casos, no utilizan ningún producto nocivo o peligroso y que respetan enteramente la estructura físico-química del aceite.

El proceso de refinado comprende 4 o 5 etapas de tratamiento (según el tipo de aceite) relativamente simples.

El desmucilaginado

Se trata de una operación que consiste en hacer desaparecer las ceras y los mucílagos que encierran los fosfolípidos (o lípidos complejos) inyectando vapor de agua en el aceite calentado a 70 u 80° C.

Se trata pues de lavar el aceite que será inmediatamente centrifugado para ser recuperado. Esto tiene como objeto evitar los depósitos ulteriores cuando el aceite ya esté embotellado, así como la formación de espuma en el momento de freír.

La neutralización

Esta operación permite desacidificar el aceite y evitar su oxidación. Se emplea una solución de agua y sosa que se añade al aceite calentado a 80/90° C. La sosa se combina con los ácidos grasos formando jabones que podemos extraer a continuación mediante centrifugación.

Después, el aceite es lavado, con lo que se eliminan todas las trazas del producto, y finalmente es secado, es decir, deshidratado debidamente al vacío.

La decoloración

El aceite es decolorado o blanqueado, es decir, se le despoja de todos los pigmentos y de la clorofila. Esta operación consiste en filtrar el aceite a través de carbón activo o de una tierra especial llamada tierra de batán.

La desodorización

En esta fase, el aceite todavía contiene productos volátiles como los aldehídos (o cetonas), que son indeseables y responsables de su gusto y su olor desagradables.

Se trata pues de extraerlos haciendo pasar una corriente de vapor seco a través del aceite que es calentado al vacío a unos 200° C. El vapor de agua se lleva los cuerpos volátiles y olorosos. A continuación, se enfría lentamente el aceite (siempre al vacío), que será almacenado al abrigo del aire.

La desmargarinización

En algunos casos, es necesario someter los aceites a baja temperatura (3 o 4° C) con el fin de cristalizar las grasas que tienen un punto de fusión elevado.

El aceite es filtrado a continuación para eliminar los triglicéridos responsables de una eventual cristalización. De esta forma obtendremos un aceite que ya no corre el riesgo de solidificar si es conservado a 5° C.

Tal como hemos visto, estos tratamientos respetan la estructura físico-química del aceite, pero no es menos cierto que han sido, y son todavía, largamente controvertidos. He aquí algunas de las objeciones que se les hacen.

El problema de la calidad nutritiva de los aceites

Los aceites vegetales no contienen en absoluto vitaminas A y D, por lo que, en consecuencia, el refinado no puede extraérselas. Esto es al menos lo que P. Theil opina sobre el tema. Este añade que, aunque el refinado elimine una parte del caroteno, este puede serle devuelto añadiendo al mismo una pequeña cantidad de aceite virgen de palma.

Y si el aceite pierde una vitamina en el momento del refinado, sólo puede tratarse, según Theil, del tocoferol, que no desaparece más que en una proporción muy pequeña (entre un 0,5 y un 10%). Actualmente, existen productos a los que se les pueden añadir directamente las vitaminas.

Los disolventes

Otro reproche que se hace a este método es el de la utilización de disolventes en el curso de la extracción, pero los diferentes análisis realizados al respecto atestiguan que los disolventes son eliminados totalmente durante el refinado. Por lo tanto, el método del refinado no supone, a priori, ningún inconveniente grave.

Sin embargo, existen otros tres tratamientos que la legislación autoriza y que sí modifican la composición y las propiedades de los aceites.

La hidrogenación

Tiene por objetivo transformar los ácidos grasos insaturados en ácidos grasos saturados, los cuales tienen un punto de fusión más elevado y son además más viscosos. La hidrogenación consiste en la fijación de hidrógeno al nivel de los dobles enlaces de los ácidos grasos insaturados. La operación se realiza haciendo pasar, en aceite caliente, una corriente de hidrógeno a presión en presencia de níquel finamente dividido. La hidrogenación implica un aumento del punto de fusión de la grasa, lo que permite que los aceites sean menos fluidos y ofrece la posibilidad de introducirlos en la composición de las margarinas. La hidrogenación modifica el valor nutritivo de los aceites porque reduce su contenido en ácidos grasos esenciales, lo que, como veremos, disminuye su calidad.

La interesterificación

Esta operación tiene un gran interés porque puede mejorar las propiedades físicas y plásticas de las grasas en general. Esto puede realizarse modificando la estructura de los triglicéridos mediante una nueva distribución de los ácidos grasos sobre el glicerol.

El fraccionamiento

Tiene por objetivo separar las partes fluidas de las partes sólidas. Es un procedimiento físico que se realiza a una determinada temperatura. Para ello, dos tipos de aceites a base de frutos oleaginosos utilizan procedimientos sensiblemente diferentes: es el caso del aceite de oliva y del aceite de palma.

Aceite de oliva

Hace más de 6.000 años que existen métodos de presión para extraer el aceite de oliva. Estos métodos han sido siempre muy simples y eran utilizados todavía en el siglo XIX en Siria y en otras partes del mundo, como ya hemos visto. El método más común y más ampliamente utilizado consistía en triturar las olivas en un mortero hasta obtener una pasta, que se colocaba en una tinaja de cerámica a la que se añadía agua caliente mientras se amasaba esta con las manos. El aceite, más ligero que el agua, ascendía a la superficie, donde era recogido con las manos o con un utensilio plano apropiado. Ninguna técnica moderna ha podido sustituir jamás este viejo método. En la actualidad, primero se seleccionan las aceitunas, luego se lavan en abundante agua fría, a continuación se trituran (es decir, se les rompe la piel para que el aceite pueda escapar) y finalmente se muelen en molinos de muelas sin eliminar previamente el hueso. El resultado es una pasta untuosa que irá trabajándose en el proceso del amasado. La pasta se reparte a razón de 5 a 6 kilos sobre capachos (esteras planas de esparto, «alfa» o nilón) que se apilan unos sobre otros. Entonces, se someten a presión hidráulica en prensas especiales para extraer el líquido. La mezcla de agua y aceite se somete a centrifugación para separar el preciado aceite de oliva, llamado aceite de oliva virgen de primera presión en frío. El aceite recogido se decanta luego por centrifugación. En lo que se refiere a los aceites de segunda categoría, se someten enseguida a un proceso de refinado. A continuación, se controla el aspecto, el gusto y la acidez del aceite de oliva. Finalmente, se clasifican los diferentes aceites según su índice de acidez (expresado en ácido oleico libre), que representa su calidad en el momento de ser consumido (véase el capítulo 3).

El aceite de palma

A diferencia de otros aceites de frutos oleaginosos, la obtención del aceite de palma requiere las siguientes operaciones:

- La esterilización.
- El desrapado: este proceso consiste en separar los frutos del resto del racimo.
- La presión: en este caso, esta operación tiene por finalidad la extracción. Se realiza en dos fases: el amasado y la presión propiamente dicha, que se efectúa en prensas continuas a tornillo.
- La clarificación: última fase de la fabricación de este aceite, que permite la separación del aceite y del agua.

Procedimientos de elaboración de los aceites a base de semillas oleaginosas

Se denomina trituración al proceso de transformación de las semillas oleaginosas en aceite y orujo. Se trata de una serie de operaciones que se realizan industrialmente y que comportan, como en el caso de los frutos oleaginosos, diversas fases mecánicas.

El descascarillado

Consiste en separar la cáscara de la semilla, rica en grasas.

La limpieza

Se trata de una operación indispensable que permite eliminar las impurezas mecánicas que podrían contener las semillas, previamente descascarilladas.

La trituración-laminado

Como con los frutos oleaginosos, se efectúa con la ayuda de trituradores-laminadores con cilindros.

Tiene por objeto reducir las semillas enteras a lo que se llama «fracciones de granulometría óptima».

La cocción

Permite fluidificar el aceite contenido en las fracciones de granulometría óptima mediante un tratamiento térmico a 90 o 100° C y liberarlo haciendo reventar las paredes celulósicas de las células.

La presión

Como en el caso de los frutos oleaginosos, consiste en separar el aceite del residuo sólido, el orujo, que en este caso recibe el nombre de «expeller».

Otra fase típica del proceso industrial y que también puede aplicarse a los aceites extraídos de los frutos oleaginosos es la extracción mediante disolventes. Este método permite extraer el aceite que queda retenido en el orujo, cosa que, económicamente, resulta indispensable.

A continuación, de la «miscella» (mezcla) obtenida se elimina por evaporación el disolvente contenido en el aceite acabado de extraer y en el orujo.

Para el consumo únicamente se utilizará este aceite mezclado con el aceite de presión obtenido previamente, lo que formará el aceite crudo que será sometido a refinado más adelante.

Muchos autores naturistas como Ahrens, Brontë, Antonis o Brock han considerado la hidrogenación como poco válida, porque según ellos las grasas hidrogenadas han perdido gran parte de las propiedades de las grasas vegetales y se comportan como grasas animales. También censuran la utilización del níquel.

Sin embargo, Theil opone una importante objeción también en este punto, afirmando que, en los casos en los que la hidrogenación es parcial (cosa muy frecuente), esta permite que persistan en el cuerpo graso al menos la mitad de los dobles enlaces preexistentes.

Y si la operación consiste en saturar los ácidos grasos no saturados con átomos de hidrógeno (problema planteado por los naturistas), esta supone generalmente una proporción importante de ácidos grasos insaturados.

En realidad, estas operaciones tienen un objetivo más práctico, un objetivo «estético», es decir, un objetivo primordialmente comercial. En efecto, los aceites refinados son aceites desnaturalizados, no se puede afirmar lo contrario, pero no implican ningún tipo de nocividad incontestablemente demostrada; como máximo pierden algunas de sus propiedades.

Y puesto que desde hace algunos años, con el deseo de comer de una forma más saludable, se ha abierto un debate sobre los alimentos industriales, los aceites se hallan, al igual que algunos otros alimentos, en el mismo centro del debate. La tendencia es sugerir que es necesario consumir aceites de primera presión, tendencia que llega a convertirse en una afirmación tajante. Quizás sea interesante añadir aquí algún matiz más.

¿Cuáles son los aceites buenos? ¿Los aceites refinados y tratados o los aceites de primera presión en frío? Ambos parecen presentar ventajas e inconvenientes. Hemos visto los de los aceites industriales. En cuanto al aceite «artesano» de primera presión en frío, la objeción procede del hecho de que no sufre ningún proceso de decoloración ni ningún otro tratamiento como los aceites industriales, lo que parece a priori positivo. Sin embargo, conviene saber que los vegetales oleaginosos son sensibles a las micotoxinas, esto es, a cierto número de hongos que se depositan sobre las semillas mal conservadas y que desarrollan toxinas peligrosas para el hombre.

Una de estas levaduras más conocidas es la aflatoxina, que es una toxina producida por hongos que proliferan sobre las semillas mal conservadas y que necesita para su existencia ante todo un ambiente caliente y húmedo.

Otro problema es el de los pesticidas que son liposolubles en los aceites a presión. Estos pesticidas se utilizan para preservar la cosecha y son en gran medida nocivos para el hombre. Por lo tanto, sería necesario consumir aceites procedentes de cosechas biológicas, cosa que a gran escala es todavía difícil de conseguir.

En consecuencia, ciertos aceites no refinados podrían contener de 3 a 4 veces más toxinas que los aceites tratados, puesto que en los aceites tratados se eliminan las toxinas y los residuos de pesticidas durante los procesos de extracción y de tratamiento industriales. En este debate se hace difícil no realizar juicios demasiado absolutos. Tenemos por un lado los naturistas y los partidarios de la alimentación llamada biológica, cuyos argumentos son válidos, y por otro el discurso científico que pone el acento sobre el aspecto inmunitario y sanitario indiscutible que ofrecen los aceites desnaturalizados. ¿Entonces, aceite natural pero quizás tóxico o aceite desnaturalizado e industrial sin productos nocivos? Sigue siendo difícil tomar partido...

Un poco de economía

Las semillas y aceites vegetales producidos por la CEE son de soja, colza, girasol y oliva. Nosotros consumimos también aceite de palma, que debemos importar. De una forma más general, es posible distinguir entre los principales países exportadores:

- Estados Unidos: soja, girasol, semillas de algodón, cacahuetes y sus productos derivados.
- Indonesia y Malasia: aceite de palma y de palmito.
- Filipinas: aceite de coco y de copra.
- Argentina: aceite de soja y sus derivados.
- Canadá: colza.
- China: cacahuete.

Es interesante recalcar que las ventas de materias grasas alcanzaron en noviembre y diciembre de 1994 una cifra récord. Esto se debió básicamente a que las reservas mundiales cayeron al nivel más bajo de los últimos diez años y a un fuerte incremento de la demanda (importación) por temor a inminentes restricciones. Se preveía que la producción mundial de grasas alimentarias/saponificables debía aumentar un 8% en el año 1994/1995, lo que suponía una producción mundial de 91,8 millones de toneladas y permitía bajar los precios (gracias a que la producción era importante).

Esta producción incluía:

- 53% de aceites fluidos de los cuales casi la mitad está constituida por aceite de soja.
- 20% de aceites de palma.
- 6% de aceites de nuez de coco y palmito (llamados también aceites láuricos)
- 20% de materias grasas de origen animal.

Conviene recalcar que en caso de una crisis económica y monetaria, tiene lugar una disminución de las importaciones de materias grasas, como parece ser el caso de México, por ejemplo. Con este breve repaso de la producción mundial de materias grasas podemos constatar que los aceites vegetales se comportan globalmente muy bien, puesto que las cosechas mundiales de semillas oleaginosas, al igual como la producción mundial de aceites, indican niveles muy elevados, lo que supone una baja de los mercados mundiales. Esta baja, combinada con una demanda más importante, ha favorecido un aumento del consumo de materias grasas en el mundo durante los últimos años. Además, según las previsiones, el consumo no debería disminuir en el futuro.

En consecuencia, los aceites (y más globalmente las materias «grasas») no son valores a la baja...

El aceite en nuestra sociedad: imágenes y realidad

Concepto de grasa (la mala imagen de las materias grasas)

Paralelamente a la abundancia alimentaria que caracteriza a nuestra sociedad occidental, la dietética, y sobre todo la clase médica, hacen sonar la alarma desde los años ochenta para intentar regular nuestra alimentación. Nuestro organismo es alimentado en exceso, comemos demasiado...

Al mismo tiempo, esculpimos el cuerpo y adoptamos el culto al hedonismo. Hay que ser bello, delgado y tener buena salud. Y si no somos así, la causa está en nuestra alimentación. Estas son global y esquemáticamente resumidas las imágenes que caracterizan a nuestro tiempo y que se sintetizan alrededor de una palabra que se ha convertido en el enemigo: lo graso. Lo graso es lo que está «gordo», lo que está «demasiado rico». El hecho de que la industria alimentaria lleve más de una década sacando alimentos llamados ligeros y que estos aumenten de forma constante da testimonio de esta concepción reductora. Las materias grasas se han sentado en el banquillo de los acusados y en nuestro consumo cotidiano intentamos reducir nuestros aportes de materias grasas. Mantequillas ligeras, margarinas que también lo son... Sin embargo, y como hemos visto anteriormente, la producción y demanda de aceites aumenta de forma creciente. He aquí una extraña paradoja. En consecuencia, si es necesario velar por una alimentación más equilibrada y más ligera, esta vigilancia debe dirigirse principalmente hacia los productos «preparados» que la industria alimentaria nos ofrece y de los cuales no conocemos la composición. Es en estos productos, entre otros, en los que se encuentran las que llamamos grasas ocultas.

¿Qué comemos? Jugamos al escondite con los ingredientes y ni siquiera nos imaginamos que es precisamente ahí, en los anodinos productos cotidianos, donde se esconde lo «demasiado rico» o lo «demasiado graso».

No basta con tirar la piedra. También hay que decir que actualmente, con el progreso de la dietética y gracias a la información con la que cuenta el consumidor, estamos en condiciones de modificar nuestro comportamiento alimentario. La industria, que ha tomado nota de las nuevas necesidades y deseos de los consumidores, no ha producido únicamente alimentos «light», sino que también ha procurado mejorar la calidad de su producción. Las grasas en general se han beneficiado de esta nueva percepción.

Siguiendo esta línea de pensamiento, hemos visto aparecer en primer lugar las casas de dietética y después las estanterías dietéticas en los supermercados, que nos ofrecen aceites de «primera presión» de mejor calidad y también de procedencia más variada.

Aunque las grasas conservan, en gran medida, una imagen negativa, únicamente el aceite de oliva ha conseguido el milagro de conservar una imagen de producto «saludable» y, si bien sus cualidades son reales, no es el único aceite que las posee.

La sustancias grasas juegan en nuestra alimentación un papel energético esencial. Hoy en día, incluso sin necesidad de poseer una «tendencia dietética», es posible consumir aceites vegetales diversos y de buena calidad, que nos permitan sobre todo hacer realidad esta «tendencia hacia una buena salud». Esto pasa, naturalmente, por conocer qué es lo que debemos consumir, puesto que saber implica escoger. Si embargo, en Occidente, esta posibilidad de escoger se nos ha hecho difícil. Difícil no por la falta de conocimientos, sino por dos razones que nos parecen esenciales.

La posibilidad de escoger, la multitud de alimentos propuestos y las tentaciones y deseos que estos nos sugieren

Efectivamente, podemos escoger casi hasta el infinito nuestros alimentos y, sin embargo, la calidad de la mayoría de ellos no es en absoluto correcta. La excesiva riqueza de los alimentos, su excesiva manipulación industrial y también las grasas animales que forman parte de la composición de demasiados productos son algunos de los factores que disminuyen la calidad nutritiva de los alimentos, sin disminuir con ello su capacidad para tentarnos.

El individuo es abandonado a sí mismo

Frente a esta avalancha, únicamente nuestro gusto parece poder guiarnos; nada le guía a priori, pero no es suficiente. No es únicamente por el hecho de que la pastelería industrial, las patatas chips (fritas), el chocolate y los productos de charcutería tienen buen sabor que son buenos para nuestro cuerpo. No hay instinto en nuestro consumo. El hombre es omnívoro, cosa que le obliga a negociar su alimentación, a dosificarla entre los diferentes tipos de alimentos. Estas elecciones son posibles gracias a un aprendizaje social y a una adaptación al medio. Es por ello que según el lugar, el clima o la estación, la manera de alimentarse posee diferentes fundamentos culturales. Por tanto, serán la sociedad y nuestro medio ambiente los que nos ayudarán a encontrar el tipo de alimentación que nos permitirá vivir de forma saludable.

Sin embargo, la fabricación masiva de alimentos no puede corresponder a este tipo de expectativas. Efectivamente, la industrialización nos ha ofrecido una pluralidad de productos, pero también una pérdida de lo que podríamos llamar la tradición. Ya no comemos los alimentos del tiempo, ni los que son de nuestra región, podemos comer todo y de todo en cualquiera de los países industrializados en los que vivimos, proceda de donde proceda: ya no existen frenos culturales ni naturales. Pero esto implica también una pérdida del simbolismo que los alimentos pueden sugerir.

Comer y cocinar se inscriben ciertamente entre los valores de las civilizaciones al mismo nivel que la música o la poesía. Por tanto, podemos imaginar el peligro que supone para una cultura culinaria el hecho de verse fabricada en lata y de manera industrial. El alimento queda desposeído de sus valores culturales.

¿Dónde quedan nuestros referentes colectivos que sin ser forzosamente alienantes son cuando menos necesarios para el individuo que, sin poseer un saber universal, toma como referencia el grupo y su tradición para vivir? Por estos motivos, la alimentación ha contribuido a llevar al individuo todavía más lejos en su intimidad y en su individualismo. La persona tiene la posibilidad de escoger, tiene todas las opciones posibles y está solo, sin una tradición o una cultura precisas frente a todo ello.

Conocer la alimentación pero conocer también su propio cuerpo, definir la forma de alimentarlo, he aquí el punto al que hemos llegado hoy en día. «¿Qué y cómo escoger?» son las preguntas en el momento en que queremos empezar a cuidar nuestra alimentación y la de nuestro cuerpo.

A todo ello, el individuo no puede responder solo. Saber no es únicamente buscar por sí mismo, sino también, y felizmente más rápido porque sino con una vida no sería suficiente, aprender de los demás gracias a la puesta en común de los conocimientos. Por tanto, es obligación de ciertas instancias ayudar al consumidor, guiándolo para que pueda disfrutar de la máxima libertad en sus elecciones. Es así como las instancias científicas han intentado racionalizar la alimentación, pues el hombre, con el tiempo, se ha ido ocupando cada vez más de su cuerpo, de su salud y de su longevidad.

¿Cómo se ha traducido todo esto en la realidad y qué consecuencias ha supuesto para nuestra alimentación? Es lo que vamos a ver a continuación. Pasamos casi quince años de nuestra vida consciente comiendo y nos sentamos unas noventa y cinco mil veces a la mesa. Es más que suficiente para otorgar a nuestra alimentación un lugar de privilegio. La alimentación, además de ser una preocupación doméstica cotidiana, también se ve connotada por una sucesión de deseos y reglas sociales. Por tanto, es evidente que si bien ya no se trata de una preocupación cuantitativa porque es abundante, sí lo es forzosamente desde otro punto de vista, el del consumo excesivo. No podemos alimentarnos sin que ello se convierta en una preocupación para nosotros y para la sociedad que nos rodea. El alimento es la garantía no sólo de la salud personal del individuo, sino también de toda la sociedad; es la garantía de una población sana y, por tanto, productiva y armoniosa.

Debido a la abundancia y al consumo excesivo de productos ricos en grasas ocultas que caracteriza a nuestra sociedad industrial, se ha hecho necesario que el Estado y, más frecuentemente los organismos públicos, velen por la conservación de la salud pública. La medicina ha contribuido en gran medida a cuestionar el cuerpo, intentando devolver al alimento que le da vida toda una temática oculta. El alimento no es sólo una asociación de gustos y sensaciones, también es alquimia, una especie de combustible sabio cuya mezcla nunca está a salvo de una dosificación incorrecta.

La medicina del siglo XX no sólo ha puesto el acento sobre el alimento, sino también sobre todos sus pormenores. Pasada por el estetoscopio, se ve de forma diferente, tomando visos de enfermedades, de nutrientes, de calorías, de energía...

¿Se trata pues de reinventar la alimentación?

El alimento se convierte en el portador de otro mensaje. Aunque nuestros alimentos posean efectivamente esta textura química, a la medicina le ha resultado imposible transmitir este mensaje tal cual. El alimento sólo puede ser una fuente de energía.

¿Cómo explicarle a una persona que debe consumir calorías, proteínas, lípidos, glúcidos, vitaminas y otros elementos cuando hasta ese momento consumía sabores, colores, olores, sueños?

Por tanto, permitir un consumo armonioso y sin peligros no significa únicamente dar a conocer los constituyentes de los alimentos, sino también hacerlo de forma que el individuo tenga la voluntad de seleccionar su consumo de otra forma, pasando poco a poco de la libre compra impulsiva a la compra razonable, sin llegar a perder con ello todo el placer. ¡Incluso podríamos hablar de compra compulsiva si tenemos en cuenta la importancia del impacto publicitario de la industria alimentaria sobre nuestras elecciones! Pero este es otro problema.

En los albores del siglo XXI, se trata de poner en común, de casar, dos términos que a menudo hemos disociado en temas de alimentación: lo bueno y lo sano.

La sociedad busca una alianza entre lo que puede ser devorado con placer y lo que permite al cuerpo vivir de forma saludable, hasta poder decir que se puede hacer régimen sin hacer régimen, es decir, que podemos adelgazar sin tener la conciencia real de una privación. Desde finales de los años ochenta, han florecido en revistas, anuncios publicitarios y libros de dietética apetitosos eslóganes que airean los méritos de ciertos productos deliciosos que no presentan ningún riesgo para el cuerpo. Es la era de una nueva forma de consumo en la que el individuo sufre profundas mutaciones. Igualmente, la cocina también está buscando su lugar en esta recomposición.

El cuerpo cambia y nuestra relación con él se modifica, igual como lo hace nuestra visión del mismo. En lo sucesivo le pedimos tener un mejor aspecto, estar equilibrado, estar sano y ser bello, respetando siempre los procesos naturales, creyéndonos amos de nuestra envoltura; todo ello implica un cambio radical de nuestra aproximación al cuerpo.

Hasta los años setenta, el cuerpo era algo parecido a un instrumento al que no hacía falta tocar excepto para curarlo o repararlo. Estábamos sanos o enfermos, en cuyo caso el médico podía aportar una solución.

A partir de mediados de los ochenta, esta visión más bien esquemática empieza a transformarse. Sin embargo, es necesario regular, prevenir, vigilar, controlar el cuerpo como un capital que es el reflejo de nuestra intimidad, de nuestro psiquismo. Para ello no basta con la medicina que se contentaba con curar enfermos, hay que autogestionarse pero también hay que vivir en un estado de medicación casi constante, en una cotidianeidad en la que la medicina y sus variantes ocupan un lugar entre nuestros principales comportamientos. La alimentación toma gracias a ello una importancia considerable y la sociedad se pregunta qué significa esto de nutrirse. La industria lanza durante los años ochenta un nuevo movimiento que intenta responder a todas estas expectativas, la alimentación más ligera y menos grasa, las comidas que se ajustan a nuestros nuevos deseos. Basta con mirar eslóganes como el de esta agua mineral: «¡Nuestro contrato adelgazante!».

La alimentación se ha convertido en un amplio campo teorizado. ¿Pero dónde queda la medicina? En realidad, desde la aparición de la nutrición a finales del siglo XIX, la medicina todavía no ha conseguido encontrar una línea directriz para nuestra conducta alimentaria.

Paradojas, rigideces, inconstancia en las prescripciones, la medicina ha probado los regímenes alimentarios con todas las dificultades que estas nuevas ideas y exigencias de la población comportan. En los años cincuenta, por ejemplo, se recomendaba el bisté con ensalada sin ningún tipo de fécula tanto para un régimen anticolesterol como para uno puramente adelgazante. Pero sólo podremos llegar a la nueva cocina racionalizada avanzando de forma empírica.

A principios de los años noventa, la cacofonía de los regímenes y de sus prescripciones alimentarias se ha atenuado en comparación con los años setenta, y existe un acuerdo casi consensuado entre médicos, industriales y dietistas, cosa que puede servir para conseguir una nutrición sin frustraciones ni culpabilización, puesto que, en definitiva, sigue siendo ahí donde la alimentación tiene su punto flaco.

Si comer se ha convertido en un problema, la voluntad de hacerlo mejor también se ha convertido, paradójicamente, en una innegable fuente de culpabilización. Si la medicina se ha amparado en lo alimentario, cosa justificable, también ha desarrollado en el fenómeno de la nutrición un orden moral. Comer se ha convertido en un acto moral en el que el hombre demuestra su buena voluntad respecto de su relación con la vida y su salud. El individuo se responsabiliza y la medicina puede aportar los elementos necesarios para que el hombre aumente su bienestar y pueda disfrutar de una longevidad máxima.

En pocas palabras, comer se apoya sobre los sólidos fundamentos de la responsabilidad y la culpabilidad. Únicamente un lento cambio de mentalidad permitirá al individuo alimentarse sanamente, de forma más espontánea y sin caer más en los defectos del sobreconsumo.

Aquí parece importante señalar que este tipo de cambio sólo puede pasar por una educación alimentaria iniciada desde la edad más tierna, deseando que en el otro extremo de la cadena la medicina demuestre su temperancia y, sobre todo, su cohesión, cosa que no siempre ha sucedido. En el centro de este cambio de mentalidades se encuentra el colesterol. Con este «enemigo público» se relacionan muchas de las enfermedades llamadas de la civilización: infarto, hipercolesterolemia, etc. Es precisamente gracias al colesterol que los medios científicos se vuelcan particularmente en el estudio de las grasas y de su papel en el organismo. Los aceites, que habían quedado relegados a aquella botella que servía de preparación para las frituras y los condimentos, se revalorizaron.

Tal como hemos visto, el aceite de oliva, que había conservado una imagen de producto artesano investido de tradición, se convierte en el emblema de los «buenos lípidos». En efecto, entre todas las grasas alimentarias, el aceite sigue siendo un alimento noble que no necesita forzosamente una gran transformación. Incluso puede seguir siendo un producto totalmente natural. Es de esta forma que aceites como el de pepitas de uva, el de nuez o el de avellana aparecen en las tiendas de dietética y en los circuitos de distribución a gran escala. Si aprende a conocer un poco estos productos, el consumidor puede encontrar sin grandes esfuerzos un alimento que permite finalmente reunir lo bueno y lo sano.

El lugar del aceite de oliva en nuestra alimentación

El aceite y la familia de los lípidos

Los aceites y, en un sentido más amplio, las materias grasas, ocupan un lugar capital en nuestra alimentación. Las grasas reciben también el nombre de lípidos. Permiten conservar el calor corporal y tienen un gran poder energético porque 1 g de lípidos produce nueve calorías, sea cual sea el lípido. Cuando al organismo le faltan glúcidos, echa mano de sus reservas lipídicas.

Los lípidos alimentarios son de origen animal o de origen vegetal. Los aceites están constituidos en un 99% de lípidos. Los lípidos son ésteres de ácidos grasos. Son un grupo químico heterogéneo constituido por ácidos grasos monoinsaturados y poliinsaturados, triglicéridos y colesterol, que forman los lípidos simples, y fosfolípidos, que son los lípidos complejos. De forma general, en química, llamamos lípidos a las sustancias que tienen la propiedad de ser insolubles en agua pero que son, por el contrario, solubles en disolventes orgánicos como el éter, el benceno o el cloroformo.

Los lípidos también son los vectores de las vitaminas liposolubles.

Para comprender la importancia y el papel que juegan en nuestra alimentación los diferentes tipos de lípidos y especialmente los contenidos en el aceite, es necesario ante todo definir estos términos.

Los ácidos grasos

Los ácidos se componen de una serie de átomos de carbono dispuestos en línea, de átomos de hidrógeno que saturan los enlaces disponibles y de átomos de oxígeno que se fijan en los extremos de la cadena y le confieren su carácter ácido, denominador común de todos los lípidos.

Los ácidos grasos alimentarios son una fuente de energía particularmente valiosa para el organismo, pero además poseen funciones estructurales y fisiológicas porque son transformados por el organismo en moléculas concretas que entran a formar parte directa de la composición de las membranas celulares. Dentro de la categoría de los ácidos grasos es posible distinguir varios tipos de ácidos que se diferencian:

• Por el número de átomos de carbono (longitud de la cadena) que va de 12 a 22 y que, en estado natural, siempre es un número par. Gran parte de los ácidos grasos de las grasas alimentarias son ácidos grasos de cadena larga.

• Por su grado de saturación o insaturación que viene determinado por la ausencia o por el número de dobles enlaces. Se puede distinguir entre:

• *Ácidos grasos saturados:* Son moléculas que tienen ocupados todos los enlaces de los átomos de carbono disponibles, es decir, que no poseen enlaces dobles libres. Son los ácidos butírico, láurico, esteárico y sobre todo pálmico, de 16 átomos de carbono. Estos ácidos constituyen el 30% de los ácidos grasos alimentarios. Se encuentran esencialmente en las grasas de origen animal, pero también podemos encontrarlos en ciertas grasas vegetales en mayor o menor cantidad. Son poco solubles y debido a ello se depositan sobre las paredes arteriales. Este depósito puede tener como consecuencia la formación de ateromas (ver el capítulo sobre el colesterol). Es por este motivo que reciben el nombre de «aterógenos».

• *Ácidos grasos insaturados:* Son de dos tipos: monoinsaturados y poliinsaturados. Los átomos de carbono de estos ácidos grasos conservan una o más posibilidades de enlace libres. Poseen dobles enlaces carbono-carbono porque se unen entre ellos. Estos dobles enlaces son frágiles y pueden romperse, convirtiéndose entonces en ácidos grasos saturados. Esto es lo que sucede, por ejemplo, en ciertas cocciones a temperaturas muy altas.

• *Ácidos grasos monoinsaturados:* Poseen un único enlace fuerte. Los ácidos grasos monoinsaturados están presenten en un gran número de productos de origen animal, pero sobre todo están presentes en las grasas y aceites de origen vegetal. Son representados en especial por el ácido oleico, un ácido graso de 18 átomos de carbono que se encuentra en casi todas las materias grasas y en abundancia en el aceite de oliva, el aceite de cacahuete y el aceite de colza, por ejemplo. Aunque el ácido oleico no forma parte de la familia de los ácidos grasos esenciales, que veremos más adelante, hay que recalcar que su transformación por el organismo origina una tipología de ácidos grasos fisiológicamente activos y necesarios que juegan un papel en la regulación del metabolismo de los ácidos grasos esenciales.

• *Ácidos grasos poliinsaturados:* Son los que tienen dos o tres enlaces dobles. Son principalmente los ácidos linoleicos (dos enlaces dobles) y los ácidos linolénicos (tres enlaces dobles). Si bien el organismo puede sintetizar un número considerable de ácidos grasos a partir de la glucosa, los ácidos linoleico y linolénico no pueden ser sintetizados por esta vía por lo que, en consecuencia, deben ser aportados por la alimentación.

Es por este motivo que los aceites juegan un papel esencial en el equilibrio del organismo, porque poseen, en mayor o menor cantidad, estos ácidos grasos poliinsaturados, llamados esenciales, que nos son indispensables. Los ácidos grasos esenciales juegan un papel plástico muy importante y se encuentran principalmente en los fosfolípidos, en especial al nivel de las células nerviosas. También pueden tener un efecto favorable sobre el colesterol. Se encuentran repartidos de forma variable entre las diversas grasas vegetales. Los ácidos linoleico y linolénico se vuelven rancios fácilmente al contacto con el aire, lo que puede comportar la destrucción de las vitaminas A y E que contienen. Por tanto, estos aceites son mucho más delicados y no poseen una gran estabilidad, sobre todo si son sometidos a una cocción a temperatura elevada. Este es uno de los motivos que ha inducido el tratamiento de los aceites vegetales que se encuentran actualmente en el mercado.

• *Los ácidos linoleicos:* Los ácidos linoleicos son los precursores de una serie de moléculas que tienen una actividad biológica considerable, sobre todo las prostaglandinas, que son sustancias que desempeñan papeles fisiológicos muy importantes, principalmente en los procesos de coagulación de la sangre. La carencia de ácido linoleico puede provocar graves problemas de crecimiento y lesiones en la piel. Esta carencia no se da entre los adultos pero puede encontrarse entre los niños, manifestándose mediante un retraso en el crecimiento y mediante problemas de coagulación, así como mediante problemas cutáneos, es decir, de la piel y de las faneras.

• *Los ácidos linoleicos:* Son igualmente indispensables para la vida, pero el organismo los necesita en menor cantidad que los ácidos linoleicos. Forman parte de la constitución de las células nerviosas y en especial de las células del sistema nervioso central.

Los ácidos grasos no son pues únicamente vectores energéticos, sino también constituyentes de los fosfolípidos, quienes, a su vez, constituyen el armazón de todas las membranas celulares. Los fosfolípidos son lípidos mucho más complejos que provienen de la esterificación del glicerol por un ácido fosfórico. Los fosfolípidos son glicéridos que están presentes en el 99% de los ácidos grasos alimentarios. La naturaleza de los ácidos grasos influye sobre la calidad de los triglicéridos; estos pueden ser de naturaleza aterógena, como ya hemos visto, o no. Son precisamente los triglicéridos los que constituyen el almacén de energía del tejido adiposo y permiten igualmente la distribución de la energía a las células. Los triglicéridos constituyen pues la reserva energética de las células.

Los fosfolípidos forman parte integrante de la estructura que controla los intercambios entre las células; los ácidos grasos y, en especial, los ácidos grasos esenciales son indispensables para el crecimiento de los tejidos y del sistema nervioso central, cosa que resulta particularmente importante para el desarrollo del niño.

Los aceites juegan en consecuencia un papel fundamental en nuestra alimentación cotidiana. Además de representar el aporte de ácidos grasos, son también el vector de las vitaminas liposolubles.

Las vitaminas liposolubles

Las vitaminas son, en general, compuestos orgánicos no energéticos que se encuentran en ciertos alimentos. El organismo tampoco puede fabricarlas por sí mismo, de manera que deben ser aportadas por la alimentación. El cuerpo humano necesita vitaminas, y estas se hacen indispensables para las llamadas «enfermedades de carencia» como el beriberi, la pelagra o el escorbuto.

Existen dos tipos de vitaminas:

- Las vitaminas hidrosolubles (es decir, solubles en agua), como las vitaminas B_1, B_2, PP, B_6, B_{12}, C, el ácido fólico y el ácido pantoténico.
- Las vitaminas liposolubles, como las vitaminas A, D, E y K, que proceden de las grasas aportadas por la alimentación. Es necesario su

aporte diario puesto que son como ácidos grasos esenciales, indispensables para el metabolismo y para el buen funcionamiento del organismo que no puede sintetizarlas. Por tanto, es indispensable conocerlas y procurar suministrar una cantidad variada y correcta de cada una de las diferentes vitaminas a nuestro cuerpo. He aquí las que podemos encontrar en los aceites vegetales.

La provitamina A o caroteno

La vitamina A se encuentra principalmente en la mantequilla. En cambio, la provitamina A, elaborada en el cuerpo humano a partir del caroteno, se encuentra en los aceites y las margarinas. La provitamina A permite mantener la integridad y la regeneración de los epitelios (es decir, de la piel y la córnea), al mismo tiempo que promueve la buena salud de las mucosas. También es necesaria para el buen funcionamiento del aparato visual en la medida en que resulta indispensable para la formación del pigmento visual. Si la provitamina A se encuentra en los aceites, existe paradójicamente una antivitamina A que puede aparecer en los aceites de fritura que han sido utilizados varias veces. No se encuentra la misma cantidad de provitamina A en todos los aceites, y algunos incluso no la contienen en absoluto. La ausencia de provitamina A puede provocar úlceras córneas de repetición, adelgazamiento, pérdida de la autoinmunidad, deficiencias hipofisarias, deficiencias tiroideas, uñas frágiles, problemas de piel, hipertensión arterial, etc. Por tanto, es necesario procurar variar los aceites y encontrar un equilibrio en el aporte de vitaminas.

La vitamina E o tocoferol alfa

Es un antioxidante natural de la célula que actúa limitando las reacciones de oxidación inducidas por los radicales libres. Su acción retarda el envejecimiento de las células porque protege a los ácidos grasos poliinsaturados y a las vitaminas A y K. También contribuye al almacenamiento de la vitamina A en el hígado. La vitamina E juega pues un papel indispensable en la estabilización de los lípidos de las membranas celulares. Está indicada en caso de problemas de la menopausia o de esterilidad, y para la prevención del envejecimiento. Es necesario consumirla diariamente. Su ausencia puede provocar una deficiencia de la actividad neuromuscular, problemas de esterilidad, etc.

La vitamina D

Es un regulador del metabolismo fosfocálcico; juega un papel importante en la osificación (mineralización del cartílago). La vitamina D influye en la elaboración de la hemoglobina. De hecho, es la única vitamina sintetizada por nuestro organismo. Las necesidades de vitamina D varían según la tasa de insolación del lugar donde habita cada persona. Su ausencia puede provocar raquitismo, empobrecimiento del sistema óseo en calcio y en fósforo, desmineralización, disminución de la cantidad de calcio y fósforo en la sangre, caries dental, etc.

La vitamina K

Es una vitamina que facilita el proceso de coagulación sanguínea y permite luchar contra las hemorragias. Sin ella las células hepáticas no pueden realizar la síntesis de la protrombina (factor de coagulación de la sangre) y de la proconvertina, una vitamina cuya presencia en los alimentos no se puede cuantificar.

¿Cómo consumimos las grasas?

Tenemos tendencia a evitar añadir un poco de aceite o mantequilla a nuestros alimentos pensando que así reducimos nuestro consumo de grasas. Y, sin embargo, no es este pequeño toque de suavidad el que nos hará engordar y resultará nocivo. Está globalmente establecido que nuestro consumo diario de grasas se reparte según dos polos: las materias grasas visibles y las materias grasas invisibles.

Entendemos por materias grasas invisibles las grasas que están ocultas en los alimentos. Pueden estar en ellos de forma natural (como es el caso de las carnes, los productos de charcutería, los huevos, los lácticos, los pescados y los quesos) o entrar en la composición de los alimentos de tipo industrial (derivados lácticos, chips, cruasanes, chocolate y muchos otros alimentos).

De forma general podemos decir que nuestro aporte lipídico (de grasas) es en promedio:

- Para la mujer: el 42,5% de nuestro aporte calórico diario, lo que representa unos 87 g de lípidos por día (media comprendida en un abanico que va de los 125 g de lípidos como máximo y los 51 g como mínimo).
- Para el hombre: el 42,3% de nuestro aporte calórico diario, lo que representa unos 112 g de lípidos por día (media comprendida en un abanico que va de los 158 g como máximo a los 66 g diarios como mínimo).

En promedio, se ha podido constatar que predomina el consumo de grasas saturadas, correspondiendo a un 45% del aporte de grasas. Esta constatación es válida tanto para el hombre como para la mujer. Las grasas monoinsaturadas representan el 35% del aporte global de lípidos y las grasas poliinsaturadas el 19% de nuestro consumo de grasas, cifras aplicables tanto al hombre como a la mujer.

No resulta fácil determinar cuál debe ser el aporte promedio de lípidos a nuestra dieta porque, como ya hemos visto, se trata de un grupo heterogéneo de propiedades fisiológicas variadas. Decir que hace falta una ración lipídica que corresponda a un 30 o un 35% de nuestro aporte calórico diario no es lo bastante exacto. Nuestro consumo diario debe contener, efectivamente, de un 30 a un 35% de calorías procedentes de los lípidos, pero este porcentaje debe incluir las grasas visibles y las invisibles. Además, estas grasas deben ser variadas, esto es, deben provenir de:

- Un 25% de las grasas saturadas (de la totalidad de las grasas consumidas);
- Un 25% de las grasas poliinsaturadas, que se encuentran principalmente en aceites como el de maíz, girasol o soja, y ello en una relación de ácido linoleico/ácido linolénico de aproximadamente 6-7.
- Un 50% de las grasas monoinsaturadas, muy abundantes en las grasas y aceites vegetales como el aceite de oliva, de cacahuete o el aceite de colza.

A todo ello hay que añadir el colesterol en una proporción de 300 mg por día (ver el capítulo sobre el colesterol).

Teóricamente, una alimentación correcta no debería sobrepasar el 30 o 35% de aporte de materias grasas. Y lo que es todavía más importante, más de la mitad de las grasas que consumimos forman parte de la composición de los alimentos siendo en su mayoría grasas saturadas, cosa que puede producir un aumento de los lípidos en sangre y de la tasa de colesterol total.

¡Por tanto, es preferible añadir una cucharada de aceite a una ensalada de verduras frescas antes que no hacerlo y comer, por contra, patatas chips que contienen una media de 40 g de materias grasas saturadas por cada 100 g de alimento! En consecuencia, las materias grasas consumidas en una cantidad demasiado grande y de forma desequilibrada pueden constituir el origen de enfermedades como la diabetes, la hipertensión o las enfermedades cardiovasculares, mientras que el consumo equilibrado de ácidos grasos alimentarios resulta indispensable para el buen funcionamiento del organismo, ejerciendo incluso sobre el mismo un efecto beneficioso.

El aceite en 20 preguntas y respuestas

¿Debemos reducir nuestro consumo de aceite?

¡No! más bien al contrario. Para conseguir una alimentación más equilibrada, habría que reducir nuestro consumo de grasas saturadas, es decir, principalmente las de origen animal, así como nuestro consumo de grasas ocultas, que se encuentran en los platos preparados y en los alimentos industriales (helados, chocolate...), y potenciar el consumo de las grasas insaturadas (que podemos encontrar en los productos de origen vegetal y sobre todo en los aceites).

¿El aceite de oliva es menos graso que los demás aceites?

No, todos los aceites poseen el mismo aporte de lípidos, que es de 1 g de lípidos por cada gramo de aceite. La ligereza que se atribuye a un aceite proviene de su mejor o peor digestibilidad, pero no tiene nada que ver con su contenido en materias grasas.

¿La mantequilla es menos grasa que los aceites?

Sí. Sin embargo, la mantequilla contiene 0,82 g de lípidos por cada gramo de peso y sus materias grasas son de origen animal, siendo la mitad de las mismas grasas insaturadas, por lo que es importante limitar nuestro consumo diario de mantequilla si queremos mantener una buena salud.

¿La nata es menos grasa que el aceite?

Sí, porque un gramo de nata tiene un valor lipídico máximo de 0,3 gramos. La nata es todavía menos grasa que la mantequilla puesto que es más rica en agua. Sin embargo, al igual que con la mantequilla, sus materias grasas son de origen animal y por tanto hay que evitarlas porque son poco beneficiosas para la salud.

¿Podemos mezclar los aceites?

Sí, siempre que no los calentemos es posible mezclar los aceites para hacer más agradable el sabor de un plato.

Por contra, esta mezcla no puede realizarse cuando los aceites se calientan puesto que estos no reaccionan de la misma manera frente al calor (ver capítulo 4 sobre las frituras). Existen en los comercios aceites que ya son de por sí mezclas de varios aceites, lo que permite no solamente componer nuevos sabores, sino encontrar un equilibrio mejor en el aporte de ácidos grasos insaturados y de vitaminas.

¿Los aceites son todos igualmente digeribles?

No. Existen aceites más digeribles que otros, pero esto depende también del uso que se haga de ellos. El aceite de oliva, por ejemplo, es muy digerible si se consume crudo, pero lo es menos si se consume después de una cocción. Y esto mismo puede aplicarse a muchos otros aceites. Este parámetro también varía en función del organismo de cada cual.

¿Podemos calentar todos los aceites a la misma temperatura?

No. Todos los aceites tienen lo que se llama un punto de humo que es el umbral crítico de calentamiento del aceite. Es importante conocerlo y respetar este límite. Sin embargo, como norma general, el punto de humo de los aceites puede establecerse en los 170° C de media.

¿Los aceites son preferibles a las demás materias grasas para la cocción?

Como norma general es preferible utilizar aceites para la cocción porque estos tienen un punto de humo mucho más elevado que la mantequilla e incluso que la margarina.

¿Hay que variar de aceites?

Sí, porque incluso si su aporte calórico es el mismo no poseen las mismas propiedades nutritivas y alimentarias. Variar de aceites supone variar los principales ácidos grasos, las sales minerales y los oligoelementos. El aceite de colza posee, por ejemplo, un 23,2% de ácido linoleico y un 10% de ácido linolénico, mientras que el aceite de maíz no posee ácido linolénico pero aportará un 47% de ácido oleico (que el aceite de colza no posee).

¿El aceite hace aumentar la tasa de colesterol?

Aquí no podemos responder ni sí ni no, porque esto depende de los aceites utilizados y de la manera en que los utilizamos (pensemos en las frituras a temperatura demasiado elevada).

Por regla general, los aceites ricos en ácidos grasos poliinsaturados ayudan a limitar el «mal colesterol» en el organismo.

¿En general, existen unos aceites más recomendables que otros?

Sí. Todos los aceites ricos en ácidos grasos saturados están mucho menos indicados para el organismo que los aceites con un alto contenido en ácidos grasos monoinsaturados y poliinsaturados. Sin embargo, se aconseja ante todo variar los aceites en la medida en que todos ellos poseen propiedades diferentes. En lo que a la fabricación del aceite se refiere, se aconseja consumir aceites de primera presión en frío, técnica que conserva todas sus vitaminas.

¿Existen aceites más recomendables que otros en lo que a los problemas de colesterol se refiere?

Sí. Tal como veremos en el capítulo siguiente, existen aceites que permiten reducir la tasa de colesterol y los problemas relacionados con el mismo y, aunque sus efectos beneficiosos no son debidos directamente a las cualidades propias de los aceites, no deja de ser cierto, por contra, que las grasas de origen animal contienen ciertos elementos nocivos para el colesterol.

¿El aceite es menos graso que la margarina?

No. La margarina no contiene más de 0,82 g de lípidos. Sin embargo, no todas las margarinas son iguales desde el punto de vista de la salud. En efecto, aunque contienen proporciones variables de grasas de origen vegetal, estas proporciones difieren en función de cada margarina.

En consecuencia, hay que vigilar y verificar su composición y escoger las que están compuestas por más de un 30% de ácidos grasos poliinsaturados. Estas son fácilmente reconocibles porque tienen una consistencia más blanda que las otras y se venden normalmente en tarrina.

¿Los aceites son indispensables para el buen funcionamiento del organismo?

Sí. Los aceites aportan grasas insaturadas que participan en la formación de las estructuras cerebrales y aportan numerosos elementos, lo que constituye una fuente de equilibrio para el organismo en general. Los aceites también resultan útiles e incluso indispensables porque vehiculan los ácidos grasos esenciales que son vitales para el organismo y de los cuales son incluso la principal fuente (aceite de soja, de colza, de nuez...).

¿Se puede utilizar cualquier aceite para freír?

No. Es importante escoger bien el tipo de grasa que utilizaremos para la cocción, sobre todo cuando la temperatura vaya a superar los 200° C.

¿La vegetalina es una buena grasa para las frituras?

Sí y no, porque la vegetalina es la grasa más fluida, cosa que permite obtener «frituras buenas» en cuanto al gusto, pero por otro lado está constituida por un 90% de aceite de copra y un 10% de aceite de palmito, solidificados mediante hidrogenación. A pesar de todo lo anterior constituye un aporte muy abundante en grasas saturadas y muy pobre en grasas insaturadas. Hay que utilizarla pues con moderación.

¿Puede el aceite de parafina reemplazar a un aceite vegetal?

Sí y no. Sí en el sentido de que el aceite de parafina puede ser un producto de sustitución para los regímenes adelgazantes porque posee las mismas características culinarias que los aceites vegetales (para las salsas, las emulsiones...) y permite limitar, conservando la textura y el gusto, el contenido en materias grasas de las comidas.

Pero no puede reemplazar al aceite como constituyente alimentario en el sentido de que el aceite de parafina no es considerado como un alimento; es un aceite mineral que no tiene ningún valor nutritivo y que no es absorbido por el tubo digestivo.

¿Es necesario consumir como materias grasas únicamente aceites vegetales?

En una alimentación equilibrada es importante consumir diferentes tipos de ácidos grasos, que están contenidos en cantidades variables en todas las materias grasas. Es pues importante consumir diferentes materias grasas pero teniendo siempre en cuenta las proporciones necesarias para el organismo.

Nuestros hábitos actuales de consumo nos indican que sería necesario privilegiar las materias grasas de origen vegetal, que poseen un elevado contenido en ácidos grasos poliinsaturados, cosa que nos permitiría reequilibrar un poco nuestra alimentación.

¿El aceite es más digestivo en general que las grasas animales?

Cuanto más bajo sea el punto de fusión de un cuerpo graso, más tendencia tiene a ser fácilmente digerible. El aceite tiene un contenido menor en grasas insaturadas que la mayoría de las grasas de origen animal por lo que resulta, en consecuencia, más fácil de digerir.

¿Hay vitaminas en los aceites?

Podemos encontrar vitaminas en ciertos aceites, con la condición de que se trate de aceites de primera presión. Los aceites refinados pierden generalmente sus propiedades iniciales y son considerados a menudo por los dietistas como «aceites desvitalizados» o incluso desnaturalizados.

CAPÍTULO II

El aceite en los regímenes alimentarios

El aceite y el colesterol

Definición del colesterol

El colesterol es uno de los principales constituyentes lipídicos. Se trata de una molécula compleja de 27 átomos de carbono que posee una función de alcohol, la cual permite la fijación de un ácido graso con la consiguiente eliminación de una molécula de agua. Esta esterificación transforma el colesterol libre en colesterol «esterificado», que es un lípido. Es una variedad de esterol presente en los tejidos y los líquidos del organismo que, en realidad, posee diferentes fracciones.

Una tercera parte del colesterol, unos 400 mg, procede de la alimentación, principalmente de todas las materias grasas de origen animal y sobre todo de los menudos/menudillos (aves), los huevos, el marisco y los productos lácticos enteros (mantequilla, queso...), y las restantes dos terceras partes son sintetizadas por el organismo. En su mayoría es sintetizado por el hígado (hasta un 90%) y el restante 10% proviene de las células intestinales, las glándulas suprarrenales, los ovarios y los testículos. Esto explica que las personas afectadas por una enfermedad que es, a menudo, hereditaria continúen presentando una tasa de colesterol demasiado elevada a pesar de seguir una alimentación equilibrada; esto es debido a su dificultad para eliminarlo correctamente. Pero cuando el organismo funciona correctamente, produce diariamente 800 mg de colesterol. El colesterol realiza en el seno de nuestro organismo varias funciones esenciales.

La primera función del colesterol se localiza en el hígado, donde es el precursor de los ácidos biliares vertidos al duodeno en el momento de la comida. El 80% de estos ácidos biliares son moléculas derivadas del colesterol. Estos ácidos biliares juegan un importante papel facilitando la digestión y la absorción de las grasas alimentarias. Así, la bilis es secretada por las células hepáticas en el momento de la comida en el duodeno y, entre las comidas, es almacenada en la vesícula biliar. Además, los ácidos biliares favorecen el peristaltismo intestinal.

El segundo papel del colesterol es el de permitir, porque constituye la molécula base para ello, la síntesis en las glándulas suprarrenales de las hormonas cortisol y aldosterona. También es el precursor de la progesterona y de los estrógenos que son secretados por los ovarios, así como de la testosterona secretada por los testículos. Asimismo, el colesterol interviene en la síntesis de la vitamina D (colecalciferol) y, bajo la acción de los rayos ultravioletas, favorece la formación del hueso evitando una carencia que, en un niño, podría conducir al raquitismo. Además, el colesterol forma parte, en todo el organismo, de la estructura de las membranas celulares. El colesterol está vehiculado en la sangre por las proteínas. Se alía a ellas formando moléculas que llamamos lipoproteínas. Las principales son las lipoproteínas de alta densidad (high density lipoproteines -HDL) y las de baja densidad (low density lipoproteines - LDL). Ambas tienen misiones diferentes.

Las lipoproteínas de baja densidad

Aseguran la difusión del colesterol hacia las células, donde podrá ser utilizado. En caso de exceso, las lipoproteínas de baja densidad (LDL) se depositan en las paredes arteriales contribuyendo a la formación de lesiones y, más adelante, de placas de ateromas. Es por este motivo que el colesterol que ellas transportan es denominado aterogénico. Por esta razón, el colesterol transportado por las lipoproteínas LDL es considerado como un «mal colesterol», puesto que este exceso puede taponar las arterias, con lo que aumenta considerablemente el riesgo de infarto de miocardio.

Las lipoproteínas de alta densidad

Son las encargadas de repescar el colesterol que se encuentra en exceso en el organismo y, después de esterificarlo gracias a un enzima (la lecitina-colesterol-acil-tranferasa), dirigirlo hacia el hígado, donde será transformado y eliminado, como ya hemos visto, por la bilis en forma de ácidos biliares; o bien será reutilizado integrándose en las moléculas de lipoproteínas.

Las lipoproteínas de alta densidad también juegan un importante papel porque limpian la pared arterial del colesterol que pueda encontrarse en ellas en cantidades excedentes. Las lipoproteínas HDL transportan el colesterol que llamamos «buen colesterol», el cual cumple una función antiaterogénica, por lo que constituye un factor protector. En consecuencia, es necesario procurar un aporte en grasas equilibrado, y los aceites así como la elección que hagamos de los mismos juegan un papel considerable.

Diferentes problemas relacionados con el colesterol

La aterosclerosis

La aterosclerosis constituye la patología relacionada con la formación de ateromas vasculares. Es una lesión de la pared arterial, que se engrosa y pierde su elasticidad. Si bien el origen de la aterosclerosis no está relacionado únicamente con un exceso de «mal colesterol», porque pueden existir factores hereditarios o problemas con otras grasas, no se puede negar que la alimentación, y en particular la elección y cantidad de las materias grasas consumidas, juegan un papel muy importante en la limitación de esta patología.

Es evidente que las dietas alimentarias con una tasa de colesterol demasiado elevada no constituyen el único elemento que hay que tener en cuenta en el desarrollo de los problemas cardiovasculares; también hay que considerar el tabaquismo, la hipertensión arterial, el estrés, el grado de sedentarismo..., pero la acumulación de estos fenómenos aumenta considerablemente el riesgo de enfermedad.

La hipercolesterolemia

Es bastante frecuente y constituye el 30% de las hiperlipidemias. Se trata de un exceso de colesterol que, como la aterosclerosis, puede tener varios orígenes, pudiendo ser transmitida por un gen; pero no es menos cierto que una alimentación demasiado rica en grasas de origen animal y, por tanto, demasiado rica en colesterol, favorece la aparición o el empeoramiento de la hipercolesterolemia. El régimen es pues necesario y debe privilegiar ciertos aceites vegetales.

La hiperlipidemia mixta

Se trata de una hiperlipidemia muy frecuente que se manifiesta por un incremento de la síntesis de la apoproteína B y, en consecuencia, de las lipoproteínas de baja densidad (LDL).

En este caso, existe el riesgo de que, a medida que envejecemos, aparezcan manifestaciones de aterosclerosis al nivel coronario o incluso cerebral.

Si estas manifestaciones hiperlipidémicas son las llamadas primarias, existen igualmente otras manifestaciones hiperlipidémicas provocadas por afecciones variadas y que llamamos, por este motivo, hiperlipidemias secundarias. Estas hiperlipidemias secundarias pueden estar relacionadas con tres grupos principales de factores:

Endocrinopatías o factores metabólicos

Es el caso de la diabetes, la gota, el hipotiroidismo y, además de las patologías, de la obesidad que creará perturbaciones endocrinas y que puede provocar un aumento del colesterol relacionado con la hiperestrogenia fisiológica.

En este caso, además del tratamiento médico, también va bien recurrir a una alimentación que favorezca la limitación del colesterol, cosa que pasa por el consumo de aceites vegetales correctamente seleccionados.

Factores debidos a enfermedades no endocrinas

Es el caso de la insuficiencia renal, cuyo mecanismo sigue siendo todavía mal conocido pero que llega a desarrollar una hipercolesterolemia, y también el de la colastasa, que también puede desarrollarla por falta de secreciones biliares.

Los aceites vegetales y su papel en la prevención de los riesgos del colesterol

No resulta nada difícil y es muy interesante conocer cuál es nuestra propia tasa de colesterol. Una muestra de sangre tras 12 horas de ayuno nos la dará. Son consideradas normales las tasas que no superan los 2 g hasta los treinta años, los 2,10 g hasta los cuarenta años, los 2,2 g hasta los cincuenta años y los 2,3 g más adelante. También podemos evaluar la tasa de «buen colesterol» (colesterol HDL): cuanto más elevada sea, más alejada estará la persona de padecer enfermedades cardiovasculares. Otros fenómenos también nos permiten saber si existen condiciones, y por lo tanto riesgos, de desarrollar enfermedades relacionadas con el colesterol que, a menudo, son el resultado de diversas circunstancias simultáneas. En este grupo podemos incluir el tabaquismo, los factores medioambientales y los factores genéticos.

Si hay necesidad de reducir la tasa de colesterol, existen varias soluciones que son graduales, en función, claro está, del diagnóstico efectuado por el especialista. Pero sea como sea, en cuanto aparecen los factores de riesgo es importante favorecer la prevención, cosa que pasa por un elemento muy importante: la alimentación.

Al iniciar un régimen anticolesterol, se hace evidente que ciertos lípidos juegan un papel fundamental en la protección de nuestras arterias y en la circulación sanguínea porque aportan ácidos grasos esenciales. Saber dosificarlos en la cantidad adecuada es otorgarles un efecto favorable sobre el colesterol y sobre la agregación plaquetaria. Por lo que a los aceites se refiere, debemos revisar esta imagen demasiado «simple» que tenemos de ellos. Todos los aceites no son igualmente beneficiosos para el consumo y no pueden ser consumidos en todos los tipos de preparaciones culinarias. Se ha podido constatar que un régimen que incluya grasas compuestas mayoritariamente por ácido linoleico ejerce una acción benéfica sobre la regulación del metabolismo del colesterol y puede conseguir una reducción del colesterol en sangre del tipo LDL (mal colesterol).

Asimismo, también puede favorecer la disminución de la tendencia a la agregación plaquetaria. Por tanto, se aconseja consumir aceites con un mayor contenido en ácido linoleico.

En cuanto al ácido linolénico, también favorece la regulación de los parámetros de coagulación sanguínea. Ambos ácidos grasos esenciales ejercen un papel beneficioso, pero las diferencias entre sus aportaciones al organismo los hacen complementarios.

Conviene recordar que el ácido oleico (componente principal, por ejemplo, del aceite de oliva) no está considerado nocivo en el caso de riesgo de ateroma (en este contexto tendría más bien un efecto neutro sobre el organismo), mientras que los ácidos saturados favorecen realmente los riesgos de trombogénesis y de colesterolemia. El ácido oleico parece intervenir de forma considerable sobre el metabolismo del colesterol, aumentando por una lado la fracción de colesterol unida a las partículas HDL (el llamado «buen colesterol» o colesterol antiaterógeno) y facilitando por otra la eliminación del colesterol transportado por las partículas LDL, es decir, del «mal colesterol», llamado también colesterol aterógeno.

Es importante conseguir una correcta y equilibrada proporción de los ácidos oleicos, linoleicos y linolénicos en nuestra alimentación porque los diferentes ácidos grasos esenciales tienen cada uno un papel diferente en la prevención de los problemas relacionados con el colesterol. En el siguiente capítulo, relacionamos todos los aceites según su composición de ácidos grasos, es decir, oleico, linoleico y linolénico. Esto le permitirá adaptar la elección de los aceites que consumirá en función de su situación personal.

Si ciertos aceites son beneficiosos para nuestra alimentación, no podemos decir lo mismo de nuestro consumo actual de grasas, porque la tendencia global indica un aumento desde hace varios años de nuestro consumo de grasas animales, cosa que, como ya hemos visto, puede conducir a un aumento de los riesgos de ciertos problemas de salud.

El consumo de grasas no se realiza forzosamente de forma directa, sino que a menudo se realiza mediante la intermediación de grasas ocultas, cuyo consumo no es fácil de controlar.

Es este tipo de alimentos los que deben ser consumidos con precaución y moderación, cuidando, a pesar de todo, de seguir una alimentación que nos aporte materias grasas.

El aceite y los otros regímenes

No estamos diciendo que el aceite sea la solución para todos los problemas de salud, pero sí decimos que el consumo de grasas animales favorece no sólo el exceso de colesterol y triglicéridos en sangre, sino también:

- La obesidad, hasta el punto de que el exceso de grasa será almacenado en los tejidos grasos (adiposos) para formar, en este caso, una reserva energética.
- Las enfermedades cardiovasculares como la trombosis, porque las grasas en exceso ocasionarán depósitos de colesterol en las arterias. También parece, según ciertos autores y ciertas estadísticas, que el consumo de grasas animales está íntimamente relacionado con ciertos tipos de cáncer como el de colon o el de recto.

Frente a todo ello, el aceite no es la respuesta, pero, en cambio, se puede afirmar que es muy necesario limitar el consumo de grasas saturadas para reequilibrar nuestro aporte lipídico diario y procurar consumir grasas de origen vegetal que puedan ser beneficiosas para el organismo.

Es preferible consumir mayoritariamente grasas compuestas por ácido linoleico (como es el caso de muchos aceites), porque se ha observado que producen los siguientes efectos: previenen los problemas de hipertensión por exceso de sodio y regulan las anomalías bioquímicas en caso de obesidad y diabetes en los adultos.

En el caso de regímenes de adelgazamiento, se aconseja seguir tomando entre 20 y 40 g de aceite vegetal aunque se reduzca el consumo de grasas, porque hay que procurar que el cuerpo obtenga siempre cierta cantidad de ácidos grasos esenciales (de 5 a 6 g por día). Por tanto, hay que favorecer los aceites que los contengan. Sin embargo, es importante recalcar que los aceites no siempre son buenos, incluso aunque, a priori, sean conformes con una buena higiene dietética. En efecto, ciertos aceites pueden haber sufrido «alteraciones» debidas a su tratamiento industrial o incluso contener hongos, como puede ser el caso de los aceites que no han sufrido ningún tipo de tratamiento pero cuyas semillas han sido previamente mal conservadas.

También existe un último pero no menos importante parámetro que hay que recordar: el de la utilización de los aceites en la cocina. En efecto, algunos aceites pueden consumirse en preparaciones frías pero no toleran la cocción. Calentar aceites que no toleran la cocción puede resultar muy nocivo. De esta forma, ciertos aceites que contienen ácidos grasos insaturados pueden ser peligrosamente desnaturalizados en el momento de calentarlos. Para una mayor información sobre la utilización de los aceites en la cocción le invitamos a consultar el capítulo 4 sobre las recetas y en especial el apartado dedicado a las frituras.

CAPÍTULO III

Variar los placeres: los diferentes aceites, sus orígenes y sus propiedades

Lo que hay que saber acerca de los aceites

Descubrir un aceite, saber degustarlo

Igual como se degusta el vino, el aceite también puede degustarse. Gracias a nuestras papilas gustativas que recubren la superficie superior de la lengua, tenemos la capacidad de distinguir varios sabores, entre los que destacan cuatro tipos particulares: el azucarado, el salado, el amargo y el ácido.

Si queremos descubrir y apreciar plenamente el sabor de un aceite, debemos tomar una cucharada de sopa del mismo y conservarlo durante un momento en la boca (10 segundos), y a continuación hay que «masticarlo» durante unos instantes a fin de que todas las partes de la lengua, que ofrecen una zona de percepción particular (lo amargo es percibido como sabor por una franja situada en todo el contorno de la lengua), puedan revelar plenamente el gusto del aceite. Al mismo tiempo, hay que expirar tranquilamente por la nariz.

He aquí la tabla de clasificación del sabor de los aceites. Este se da en forma de una cifra que va del 0 al 10:

0: son todos los aceites que tienen un sabor demasiado rancio, es decir, extraño al gusto del aceite propiamente, como por ejemplo un sabor metálico, de pescado, a quemado, o cualquier otro sabor inmediatamente identificable.

2: son todos los aceites que poseen un sabor a rancio u otro tipo de sabor diferente al del aceite, que se impone con bastante claridad.

4: son todos los aceites que poseen un «sabor a semilla» fácilmente identificable o un regusto final más discreto pero también rancio.

6: son los aceites que poseen un sabor verdadero a semilla.

8: son los aceites que tienen un sabor delicado a semilla.

Se puntúan con un 10 los aceites que no poseen ninguna de las características citadas anteriormente. Son los aceites denominados «planos».

Estas características son válidas para todos los aceites y se refieren a cada vez que se deguste un aceite o a cada tipo de aceite degustado. Hemos visto ya que no todas las grasas tienen la misma composición en ácidos grasos y que es importante velar por un aporte variado y equilibrado en ácidos grasos. Todos los aceites son pues diferentes y variarlos no significa únicamente variar los placeres, sino también equilibrar los aportes de ácidos grasos a nuestro organismo. Dentro de la gran familia de las grasas vegetales, es posible distinguir dos tipos principales de grasas:

- Los aceites vegetales concretos, como el de copra, los aceites de palma o el de palmito.
- Los aceites vegetales fluidos, como el aceite de cacahuete, el de colza, el de germen de maíz, el de soja, el de oliva, etc.

Por tanto, recibe el nombre de aceite todo cuerpo graso que sea líquido a la temperatura de 15° C, mientras que las grasas (o aceites concretos) son más o menos sólidos a esta misma temperatura. En los establecimientos convencionales se pueden encontrar fácilmente aceites de cacahuete, colza, maíz, nuez, oliva, palma, uva, ricino, soja o girasol, pero en los establecimientos dietéticos o especializados también podemos encontrar aceites de trigo, de cártamo, de calabaza, de hayuco, de amapola, de pistacho o de sésamo, así como aceites vegetales complejos como el compuesto a base de almendra, nuez, avellana y piñón.

Los llamados aceites concretos

Los diferentes componentes que debemos conocer

En este apartado, indicaremos los contenidos principales en ácidos grasos pero también su índice de yodo. El índice de yodo nos indica el número de enlaces dobles de un ácido graso y se determina fijando sobre ellos yodo procedente del cloruro de yodo. Este índice determina la cantidad (en gramos) de yodo que se fija en 100 g de una grasa determinada. Si bien el índice indica el número de dobles enlaces, no permite por contra distinguir si se trata de ácidos monoinsaturados o de ácidos insaturados (más de un doble enlace). Sin embargo, se puede afirmar que cuanto más elevado sea este índice, más insaturado es el producto.

El aceite de copra *(coco nucifera)*

Vasco de Gama llamaba coco a la nuez de coco *(Coco nucifera)*, la cual, debido a sus tres marcas y su textura fibrosa, evocaba la forma de una cabeza. Es un aceite utilizado principalmente en las Filipinas, Costa de Marfil e Indonesia, es decir, en sus zonas de origen. Se obtiene a partir de la nuez de coco del cocotero nucifera. El término copra designa concretamente a la carne de la que se extrae, que contiene de un 60 a un 65% de aceite.

Es una grasa más o menos blanca que funde a 24° C. Su índice de yodo es muy bajo: 24,6.

Su composición en ácidos grasos saturados es muy elevada (más del 70%), cosa que lo convierte en un aceite nada recomendable según las normas dietéticas; es todavía peor que las grasas animales.

En cambio, su consistencia permite sobre todo una utilización en numerosos preparados a base de grasas vegetales. Es por este motivo que entra a formar parte de la composición de ciertas margarinas, productos de pastelería y vegetalina.

El aceite de palma *(elaeis guineensis)*

La palmera de aceite se empezó a cultivar en Guinea después de la abolición de la esclavitud; se trataba de un «cambio de comercio». El aceite de palma procede de la palmera de aceite, que tiene la particularidad de ofrecer dos tipos de aceite de propiedades muy diferentes: la parte carnosa produce la grasa de palma (aceite de palma) y la parte dura produce la grasa de palmito (el aceite de palmito).

El aceite de palma

El aceite de palma puede tener un color que va del amarillo al rojo anaranjado oscuro (debido a su elevado contenido en betacarotenos, los cuales suministran al organismo vitamina A).
Su índice de yodo promedio es de 55.

Está formado en más de un 40% por ácidos saturados y, de media, por un 40% de ácidos oleicos (insaturados). El aceite de palma suele utilizarse virgen, pero también puede mezclarse con aceites refinados, lo que permite dar una coloración amarilla a productos como la margarina. Debe su utilización a su estabilidad frente a altas temperaturas.

El aceite de palmito

Se presenta a menudo en forma de un bloque (como la mantequilla o la margarina) y tiene un color más bien blanco. Es un aceite que se hace rancio muy fácilmente y que no puede conservarse durante mucho tiempo. Su índice de yodo es de 20 (más bien bajo). Está compuesto esencialmente por ácidos grasos saturados (más del 55%) y es considerado tan nocivo como el aceite de copra. A menudo entra a formar parte de la composición de margarinas y de ciertos productos alimentarios industriales.

La mantequilla de karité

El árbol de Karité es un árbol que crece principalmente en África. De su semilla se obtiene un aceite que tiene un color entre el blanco y el amarillo muy pálido. Su aceite concreto no tiene, en principio, ni olor ni sabor particulares. Se utiliza principalmente para la fabricación de productos de pastelería. Pero este aceite concreto también se emplea para fabricar la mantequilla vegetal que se comercializa en las tiendas dietéticas.

Está compuesto básicamente por ácidos oleicos (50%), lo que no lo hace muy recomendable desde un punto de vista nutritivo, y de un 46% de ácidos saturados.

El aceite concreto de mantequilla de Karité empieza a fundir a partir de los 32° C. Las grasas concretas tienen pues características muy similares a las grasas animales, lo que no las hace mejores. La dietética nos aconseja que limitemos el consumo de grasas saturadas. Sabiendo que estas grasas concretas forman parte de la composición de alimentos industriales en forma de grasas ocultas, sólo se trata de vigilar de no consumir estos productos en exceso. Es importante leer las etiquetas que detallan la composición de los alimentos.

Los aceites llamados fluidos

En la gran familia de los aceites fluidos, es posible realizar una clasificación por tipos en función de su riqueza concreta en ciertos ácidos grasos.

Los hemos clasificado en tres tipos de aceites, que son:

- Los aceites «más bien oleicos».
- Los aceites «más bien linoleicos».
- Los aceites «más bien linolénicos».

Los aceites oleicos

El aceite de cacahuete (arachis hypogaea)

En el año 1493, uno de los compañeros de Cristóbal Colón describió un «arbusto que da frutos como las habas, un poco más pequeños, con una envoltura coriácea muy dura, color de arcilla y pulpa blanca, y que ¡sólo sirven para los cerdos!».

Era la descripción del cacahuete o «maní», que crecía sobre todo en los valles tropicales americanos. Los indios ya obtenían de él un aceite, que utilizaban para «curar» un gran número de enfermedades. A partir del siglo XIX, el aceite de cacahuete se convirtió en un aceite básico para el consumo. Provenía de la explotación de los recursos coloniales del continente africano. Por razones económicas (descolonización y por tanto aumento de precio), pero también por motivos dietéticos, el consumo de este aceite ha ido disminuyendo desde los años sesenta. Actualmente, se emplea sobre todo para las frituras.

El aceite de cacahuete «industrial» es uno de los más desnaturalizados del mercado corriente, debido a que su sabor en estado de aceite crudo es inaceptable. Forma parte de los llamados aceites de mesa. Es un aceite fluido que tiene un color amarillo. Las opiniones acerca de su efecto benéfico sobre el organismo difieren en función de su origen: industrial (ha sufrido un tratamiento total) o de primera presión en frío. El doctor Carton lo clasifica como «uno de los aceites de mesa menos indigestos». Su promedio de índice de yodo va de 87 a 90, lo que es bastante elevado. Es un aceite rico en ácidos grasos monoinsaturados (55% de ácidos oleicos).

En cambio, posee una cantidad muy pequeña de ácidos grasos poliinsaturados. Es un aceite que en conjunto no es malo, pero no debe ser el único aceite consumido porque es pobre en ácidos grasos esenciales.

El aceite de oliva (olea europaea)

No nos faltan historias sobre el olivo y el aceite de oliva. Pero según una hermosa tradición popular, la historia del olivo nace en Grecia por la disputa y la reivindicación de la ciudad de Atenas entre Atena y Poseidón. Los atenienses tuvieron que escoger entre el regalo de Poseidón, que era, según dos versiones diferentes, o el caballo Pegaso o una fuente de agua salada, y el regalo de Atena, que era un olivo. Todos sabemos cuál fue el resultado de la disputa, el cual hizo de este árbol no solamente el árbol sagrado de la diosa, sino también ese maravilloso productor de aceite.

Este aceite de oliva, tan célebre, posee numerosas características que es necesario comentar. En primer lugar, existe una clasificación de los aceites de oliva efectuada en función de su índice de acidez, que se expresa en ácido oleico libre (es decir, en ácido graso monoinsaturado) y que permite determinar la calidad del aceite en el momento de su consumo.

El aceite de oliva virgen extra

Es un aceite de oliva virgen que tiene un sabor completamente irreprochable y cuya acidez (expresada en ácido oleico libre) no puede superar 1 g por cada 100 gramos. Este aceite no ha sufrido ningún tratamiento más que el lavado, la presión, la decantación, la centrifugación y el filtrado. Es mucho más rico en vitaminas.

El aceite de oliva virgen

Es un aceite de oliva que tiene buen sabor, que no ha sufrido ningún otro tratamiento además de los citados anteriormente y cuya acidez está comprendida entre 1 g por cada 100 g y 3,3 g por cada 100 gramos. Es un aceite que tiene las mismas características que el anterior y que también contiene abundantes vitaminas. Lo podemos encontrar bajo la apelación de «aceite de primera presión en frío».

El aceite de oliva virgen refinado

Es un aceite de oliva obtenido por refinado del aceite de oliva virgen y que no supera una tasa de acidez de 1,5 g por cada 100 gramos.

Los aceites de oliva

Son todos los aceites de oliva obtenidos mediante «coupage» o mezcla de aceites refinados y aceite de oliva virgen. Estos aceites no pueden tener una acidez superior a 1,5 g por cada 100 gramos.

Los aceites de oliva puros

Es una mezcla de un aceite de oliva virgen y un aceite más ácido obtenido tras la segunda presión en caliente de la pasta de olivas restante.

Los aceites de segunda calidad

El orujo de oliva (residuo sólido de la pasta de olivas) es sometido a un tratamiento mediante disolventes volátiles, del que se obtiene un aceite que a continuación es refinado. Es un aceite de segunda calidad que ya no contiene vitaminas.

El aceite de oliva tiene sin ninguna duda efectos beneficiosos sobre la salud en general. Se recomienda para todas las edades de la vida. Aporta una cantidad importante de vitamina E, cosa que le otorga un papel nada desdeñable al nivel cerebral: la riqueza y la proporción de sus componentes, vitamina E, ácido linoleico y ácido alfa linolénico, protegen el cerebro humano del envejecimiento y de las agresiones tóxicas, inmunológicas y víricas. Investigaciones recientes han demostrado que la dieta alimentaria mediterránea favorece la disminución del número de accidentes cardiovasculares. El aceite de oliva es un aceite muy digestivo porque disminuye la velocidad de evacuación del estómago, lo que evita el reflujo de los alimentos hacia el esófago. Al ser el ácido oleico un componente mayoritario del aceite de oliva, este es perfectamente asimilable por el intestino. Sin modificar la acidez gástrica, tiene una función calmante. El aceite de oliva también ejerce una acción benéfica sobre el hígado y la vesícula biliar porque favorece la evacuación suave y regular de la bilis vesicular hacia el intestino; la ingestión de aceite de oliva deja descansar al hígado mientras que actúa sobre la vesícula biliar. No modifica para nada el contenido en colesterol de la bilis; la acción del aceite de oliva en caso de hipercolesterolemia sería débil porque es pobre en ácidos grasos poliinsaturados. El aceite de oliva tiene también una acción sobre el intestino porque facilita la digestión intestinal de los alimentos pesados como las grasas. Como cuerpo graso, el aceite de oliva tiene una acción benéfica al nivel de la sangre y del corazón. Se trata del alimento graso más vivamente aconsejado en los regímenes de prevención de enfermedades cardiovasculares tales como el infarto de miocardio.

El elevado contenido en vitamina E antioxidante del aceite de oliva permitiría evitar la formación de radicales libres y, en consecuencia, de placas de ateroma; al disminuir la agregación plaquetaria, el ácido oleico del aceite de oliva ayudaría asimismo a prevenir y reducir la ateromatosis (más conocida con el nombre de arteriosclerosis).

Asimismo, es el ácido oleico, contenido en cantidades considerables en el aceite de oliva, el que permite disminuir la viscosidad sanguínea, lo que ayuda, por tanto, a la prevención de la trombosis.

Para acabar con este elogio del aceite de oliva, podemos añadir además que también constituye un aporte positivo para la construcción del esqueleto óseo porque el ácido oleico del aceite de oliva es indispensable para el hueso humano, tanto para su composición como para el crecimiento normal del mismo. En la mujer adulta, favorecería y mantendría una buena densidad ósea de las vértebras.

La lista puede parecer larga debido, sin duda, a que el aceite de oliva ha sido siempre un aceite utilizado y reconocido por sus numerosas cualidades. Formaba parte de la composición de ciertos ungüentos y todavía se emplea en la preparación de numerosos productos farmacéuticos.

El aceite de hayuco o de haya **(Fagus sylvatica)**

Este aceite, que tiene un elevado contenido en ácido oleico y cuyo índice de yodo es de 110, ya no se encuentra en la actualidad. No encontramos ninguna explicación de su ausencia en el mercado, porque se trata de un aceite que posee numerosas propiedades y del que no se conoce ningún tipo de contraindicación. Su textura es la adecuada porque no se hace rancio fácilmente y se puede consumir directamente tras la primera presión en frío.

El aceite de avellana **(Corylus avellana)**

Aún mejor que el aceite de hayuco, el aceite de avellana tiene grandes propiedades. Es un aceite de muy buen sabor a avellana y que tiene un hermoso color dorado. Su elaboración en frío resulta fácil y sus propiedades nutritivas son importantes porque no contiene más que entre un 4 y un 8% de ácidos saturados, con un promedio del 85% de ácidos oleicos. Su índice de yodo alcanza un muy recomendable 82,2. A esto hay que añadir su contenido en vitaminas A y E. Por tanto, es más que sorprendente que este aceite sólo se utilice en cosmética o en productos farmacéuticos. No forma parte de los aceites que se encuentran fácilmente en los comercios, aunque hoy en día se puede encontrar en algunos establecimientos dietéticos. ¡Si tiene usted la oportunidad, vale la pena probarlo!

El aceite de almendras **(Prunus amygdalus)**

Se trata de un aceite conocido, según parece, desde el primer siglo de nuestra era como producto consumible por las mismas propiedades que hoy en día le reconocemos. El almendro es originario del Asia central, y en la actualidad se cultiva en los países mediterráneos y en California. El aceite de almendras se emplea actualmente en cosmética y en farmacología. Es un aceite casi incoloro rico en ácidos oleicos (77%) y linoleicos (entre el 12 y el 33%), con un índice de yodo comprendido entre 90 y 106. También contiene vitaminas A y E. Es pues un aceite que parece poseer todas las propiedades de un buen aceite pero cuyo coste de fabricación es excesivo. Este es el motivo por el que no lo encontramos en nuestra mesa.

El aceite de sésamo **(Sesamum indicum)**

El sésamo oriental es originario del África tropical y era conocido en

Egipto desde el Nuevo Imperio. Sus raíces etimológicas son diversas: en China le llaman moa, en árabe shem-shem, en sánscrito tila...

Los diferentes orígenes etimológicos testimonian que el cultivo del sésamo es muy antiguo. En las Indias, se emplea como ofrenda a los muertos en las ceremonias funerarias, pero también como símbolo de inmortalidad y de purificación.

En este pequeño cereal altamente energético se esconden pues los principios de la vida y del universo, que sin duda le han valido la famosa frase: ¡Ábrete sésamo!

Es un aceite poco comercializado en España pero que sirve para fabricar algunas grasas. En cambio es ampliamente utilizado en Oriente y en Extremo Oriente como aceite alimentario. Sus propiedades son las mismas que las del aceite de girasol.

Es rico en ácidos oleicos (49%) y en ácidos linoleicos (38%), y tiene un índice de yodo de 112. Además, por el hecho de ser también rico en lecitina resulta beneficioso para las células nerviosas.

Los aceites linoleicos

El aceite de girasol (helianthus annuus)

Cuenta la leyenda que el girasol tiene por origen la muerte de Helena. En efecto, tras haberse refugiado en Rodas en casa de la reina Polyxo, desesperada por la muerte de su marido Theplonenos frente a Troya, Helena fue impulsada por aquella a suicidarse. Esta ordenó a sus sirvientes que se disfrazaran de Erinyes (divinidades infernales encargadas de la venganza de los dioses) y Helena fue colgada por ellos de un árbol debajo del cual creció una nueva planta: el «élérion». Es por el hecho de que la planta surgió después de la acción de las Erinyes (que van coronadas con serpientes) por lo que servía de antídoto contra las picaduras de serpiente. En cualquier caso, ya entonces se sabía que activaba las funciones digestivas.

El aceite de girasol es muy utilizado en la Rusia oriental. Es un aceite rápido de primera presión en frío (el único que se puede utilizar) muy suave, muy graso, de discreto olor y sabor agradable. Estas propiedades lo hacen adecuado para la elaboración de pasteles de textura seca y flexible. Su color va del amarillo pálido a un amarillo más cálido, más anaranjado.

Su índice de yodo oscila, según la cosecha, entre 125 y 135, con una media de 132. Este índice revela su gran contenido en ácidos grasos insaturados, con un importante contenido en ácidos linoleicos (62%), así como en ácidos oleicos (30%), y con una baja proporción de ácidos saturados que oscila entre el 7 y el 14%.

Es rico en ácidos grasos esenciales, lo cual lo hace muy adecuado para la piel, las mucosas y el sistema nervioso. Se aconseja especialmente en caso de hipercolesterolemia a condición de que no se haya fabricado con ayuda de disolventes y que no sea desodorizado. Aporta una cantidad importante de vitamina E.

Por tanto, se trata de un aceite vivamente recomendado para aliñar y para la cocina en general, con la condición de que no sea calentado a temperatura muy elevada porque su constitución no la resistiría bien.

El aceite de maíz **(zea mays)**

Este aceite forma parte de la fabricación de numerosas grasas alimentarias, como las margarinas industriales. Se utiliza principalmente en América. Es un aceite fabricado a partir del germen de maíz mediante la presión de los gérmenes separados por flotación. Se dice que únicamente es bueno en estado refinado porque en estado crudo tiene un sabor y un olor desagradables. Tiene un gusto específico que corresponde al de los cereales y un color amarillo claro. Su composición es próxima a la del aceite de sésamo y posee las mismas ventajas que el aceite de girasol en los casos de hipercolesterolemia. Es rico en vitamina E.

Se trata de un aceite especialmente rico en ácidos insaturados (85,8%), de los cuales un 50% son ácidos grasos esenciales (linoleico).

El aceite de soja **(soya hispida)**

Para los orientales, desde el primer plato hasta los postres, existen mil maneras de preparar la soja. Aunque se trata de un alimento que todavía nos parece «exótico» (no fue conocido en Europa hasta los años cuarenta), la reputación de la soja está más que probada. Es muy nutritiva y energética, cualidades que hacen de ella un alimento completo que a veces recibe el nombre de «carne vegetal», porque está compuesto por proteínas biológicas. Aunque la soja como tal no ha cuajado realmente en nuestra alimentación, su aceite, en cambio, se puede encontrar fácilmente en todos los comercios. Es un aceite fluido de color amarillo que tiene un sabor bastante acusado. El aceite de soja forma parte de ciertos aceites de mesa de gran calidad.

Su índice de yodo promedio es de 120. El elevado contenido en ácidos grasos insaturados (de 80 a 85%) y, en especial, de ácidos grasos esenciales, le otorga un papel importante en los regímenes anticolesterolémicos. Está compuesta en promedio por un 25 a 35% de ácidos oleicos, 40 a 50% de ácidos linoleicos y 2 a 5% de ácidos linolénicos. Su gran contenido en ácidos linoleicos lo convierte en un aceite lábil frente al calor.

Contiene una cantidad bastante considerable de vitamina A. Esta vitamina, cuyas propiedades pueden alterarse rápidamente, está muy bien protegida contra la oxidación gracias al contenido que el aceite de soja tiene en otras vitaminas. Es pues un aceite excelente cuyo empleo recomendamos; aquellas personas a las que no les guste mucho el aceite de oliva podrán sustituirlo por aceite de soja.

El aceite de cártamo (carthamus tinctorius)

El cártamo también recibe el nombre de grana de periquito o azafrán de Alemania. El aceite de cártamo tiene su origen en Oriente y fue igualmente utilizado en la India. También se emplea en la cuenca mediterránea junto con el aceite de oliva.

El aceite de cártamo es fluido y tiene un color más bien pálido y ligeramente amarillo; se obtiene a partir de las semillas descortezadas. Su gusto recuerda un poco al del aceite de girasol. El aceite de cártamo se encuentra sobre todo en los establecimientos y las casas de dietética. La planta del cártamo tiene propiedades laxantes. Tiene un contenido en vitamina E superior al del aceite de oliva, al que puede reemplazar si el sabor de aquel no nos gusta. Pero, en cambio, tiene un contenido de vitamina E menor que el de los aceites de soja, maíz, girasol e incluso que el de cacahuete. Su índice de yodo es de 123 y su contenido en ácidos grasos saturados es más bien bajo: entre un 6 y un 9,5%. Este aceite contiene, de promedio, un 30% de ácidos oleicos, un 50% de ácidos linoleicos y un 10% de ácidos linolénicos.

El aceite de pepitas de uva (vitis vinifera)

El aceite de pepitas de uva no fue motivo de investigación hasta los años cuarenta, pero parece que su fabricación se remonta al siglo XIX. Se puede encontrar sobre todo en los establecimientos de dietética. No es muy caro y tiene ante todo la ventaja de poder utilizarse para las frituras, a las que no otorga ningún sabor especial.

Sin embargo, es un aceite cuestionado por los especialistas en nutrición y los dietistas. En efecto, su fabricación requiere la intervención de disolventes (bencina...) en el proceso de extracción, calor y refinado (sin él no sería rentable), procesos que según sus afirmaciones desvitalizan el aceite. Sea como sea, tiene un buen sabor suave y es inodoro (cosa que resulta una ventaja para las frituras).

Su índice de yodo es de 106 y es rico en ácidos linoleicos, conteniéndolos en un promedio del 40 al 45%. También posee, de promedio, del 20 al 30% de ácidos oleicos, es decir, alrededor de un 70% de ácidos grasos insaturados. Si bien este aceite ofrece numerosas ventajas en la cocción, desde el punto de vista nutritivo no podemos aconsejarlo realmente.

El aceite de adormidera (papaver somniferum)

El nombre francés de esta planta, *oeillette,* proviene del francés antiguo y significa «aceite». El cultivo de la adormidera parece que se remonta muy atrás en el tiempo, concretamente en la Edad Media. Su producción se paralizó en el siglo XVIII al prohibirse su consumo, y cuando se recuperó el aceite de oliva ya había desarrollado su mercado y le había pasado por delante. Tan sólo en las épocas de penurias alimentarias se ha vuelto a elaborar en grandes cantidades. Hoy en día, la adormidera, llamada también adormidera de aceite, no debe confundirse con la adormidera blanca, nombre que también recibe la planta de la que se obtiene el opio. El aceite de amapola es un aceite de color claro y amarillo. Si es aceite de primera presión de las semillas frescas, tiene un sabor muy agradable, fino y suave. Es un aceite que contiene una cantidad importante de ácidos linoleicos (60% de promedio), cosa que le otorga un interesante papel en la prevención de los problemas circulatorios y cardíacos. Su índice de yodo es de 134. Sin embargo, suele mezclarse a menudo con otros aceites, como el de sésamo o el de cacahuete, cosa que le hace perder, en parte, su buen gusto y sus propiedades. Por tanto, hay que vigilar que no se trate de un aceite producto de esta mezcla.

El aceite de semillas de calabaza **(cucurbita pepo)**

El aceite de semillas de calabaza tiene un color muy particular que tira hacia el verdoso luminoso y forma una laca sobre los platos de verduras. Se le atribuyen grandes propiedades, como un efecto activo contra la fatiga o incluso en el tratamiento de la hipertrofia de próstata, virtudes que son válidas sobre todo cuando el aceite es de primera presión. Por contra, como la mayoría de los aceites, tiende a perder una gran parte de sus propiedades cuando es blanqueado y refinado.

Si bien sus propiedades están todavía por confirmar, es cierto que se trata un aceite rico en ácidos grasos esenciales, cosa que le confiere grandes propiedades beneficiosas para el buen funcionamiento del organismo. Su índice de yodo es de 122 y está compuesto por más del 80% de ácidos grasos insaturados, de los cuales un 30% son ácidos oleicos y entre el 48 y el 57% ácidos linolénicos. Su gusto es bastante pronunciado y se vuelve rancio con facilidad. Como su precio resulta más bien elevado, su empleo es limitado.

El aceite de trigo **(triticum vulgare)**

El trigo se consume en forma de pan, galletas, harinas, sopas, etc. Se trata de uno de los componentes fundamentales de nuestra alimentación. La pregaria «Danos Señor el pan nuestro de cada día» se debe a que este alimento ha constituido desde siempre un sostén nutritivo, revitalizante y energético. La lista sería sin duda demasiado larga.

El aceite de germen de trigo se utiliza muy poco debido a su baja rentabilidad en el momento de la extracción y a su difícil producción a gran escala. Tiene un color amarillo como de oro límpido, es espeso y tiene un agradable olor que evoca al de la harina de trigo. Tiene un índice de yodo de 115 y contiene más del 85% de ácidos no saturados, de los cuales un 53% son ácidos linoleicos.

Pero lo más importante es que posee 4 vitaminas liposolubles, que son las vitaminas A, D, E y K, muy beneficiosas para el organismo. Sin embargo, esta misma composición vitamínica le confiere la capacidad de volverse rancio muy fácilmente. A la vista de todas estas propiedades, sólo podemos lamentarnos de su ausencia de los comercios (a excepción de determinados establecimientos dietéticos).

El aceite de semillas de algodón (gossypum arboreum)

El algodón es una posible fuente de proteínas con la condición de que sea sometido a un proceso industrial. Por otro lado, el algodón también puede producir aceite. Este aceite que en estado crudo tolera con dificultad el transporte, no es exportado en absoluto pero, por contra, es ampliamente utilizado en los países que lo producen. Lo encontramos principalmente en los Estados Unidos, Rusia y Sudán.

No se le pueden atribuir grandes propiedades puesto que es un aceite que sólo puede consumirse una vez tratado y refinado, procesos que le restan muchas propiedades, hasta el extremo que pueden llegar a «desvitalizarlo» y convertirlo en un aceite muerto, como afirman ciertos dietistas. Su índice de yodo es de 110 y está compuesto esencialmente por ácidos insaturados (85%), de los cuales un 44% son ácidos linoleicos, un 31% ácidos oleicos y un 1,1% ácidos linolénicos.

El aceite de nuez (juglans regia)

El nogal es un símbolo cuyos orígenes se remontan a los albores de la historia. Fue consagrado a San Agatón, que sufrió martirio en Bizancio atado a un nogal. Pero también fue el árbol simbólico de las brujas que en el siglo VII se reunían bajo él para celebrar el sabbat. En la Antigüedad, el nogal se relacionaba con Perséfona y con los dioses del infierno. Desde hace mucho tiempo, constituye pues un árbol importante en la vida cotidiana de los pueblos. Aunque su imagen no sea nada positiva, la imagen de su fruto, la nuez, lo es mucho más. En muchas regiones del sur es el símbolo de la fecundidad (¿debido a su forma redonda?). En ciertas regiones del sur de Europa, se lanzaban nueces sobre el camino de los recién casados como se hacía con el arroz o los caramelos. La nuez es pues un símbolo de fecundidad y constituye un presagio de felicidad.

En cuanto al aceite de nuez, tiene un sabor particular, muy fino y original, que hace que sea considerado un aceite excelente, al mismo nivel que el aceite de oliva o de amapola.

Si es de primera presión en frío, tiene un color que va del amarillo luminoso al verdoso. El único inconveniente de este aceite está en su conservación, porque se vuelve rancio con mucha facilidad. Su índice de yodo es de 145 y está compuesto esencialmente por ácidos linoleicos con un promedio del 73,5%, seguidos de los ácidos oleicos, con un promedio del 17,5%, y finalmente por los ácidos linolénicos, con un promedio del 8%.

Es un aceite que, gracias a su gran contenido en ácidos grasos insaturados, está indicado para los problemas de hipercolesterolemia. Además posee virtudes tónicas y digestivas.

Se trata pues de un muy buen aceite, que puede consumirse también de forma regular y que puede utilizarse tanto para preparaciones frías como para preparaciones calientes.

Los aceites linolénicos

El aceite de lino (linum usitatissimum)

No sabemos cómo era la planta de lino *(Linum usitatissimum)* en estado salvaje, cosa que indica la antigüedad de su cultivo. Los celtas y los egipcios desde la primera dinastía (las momias eran envueltas en bandas de lino) ya lo utilizaban, y en Babilonia también servía de moneda. El lino es también un símbolo de pureza para los cristianos, cuyos sacerdotes todavía emplean una camisa de lino (alba).

La planta de lino se ha utilizado para tejer ropa de casa y vestidos, pero también para los velos de la casa de Yahvé (cf. Ex 26, 31-32) o para el entoldado que cubría el Coliseo romano y otros teatros. Con la llegada del algodón, el uso del lino se redujo, y en la actualidad es más conocido por sus semillas, que poseen propiedades emolientes y oleaginosas. Es un aceite cuyas propiedades son muy discutidas: unos lo consideran como un aceite secante que no hay que consumir debido a que posee un contenido demasiado elevado en ácidos linolénicos (puede llegar al 50 o 60%), que sólo son considerados beneficiosos en pequeñas cantidades; para otros, en cambio, este mismo exceso pasa por ser una baza excelente para los problemas de la piel y en especial en el caso de problemas eccematosos. En cualquier caso, es un aceite fluido de color amarillo dorado, de fresco olor y sabor agradable, pero que no se consume como aceite de mesa.

El aceite de colza **(brassica napus oleifera)**

El aceite de colza fue durante mucho tiempo un aceite no apto para el consumo. Esto era debido a que existía la obligación, por lo menos en la industria, de hacerlo pasar por un importante proceso de refinado. Sin embargo, este refinado no eliminaba el ácido erúcico, causante del «escándalo de la colza» hace unos años, que hizo que fuera denunciado por los consumidores. El ácido erúcico, presente en cantidades muy importantes (52%), fue considerado como causante de una obstrucción cardíaca.

A partir del año 1973, aparecen nuevas variedades de aceites de colza con menores cantidades de ácido erúcico, pero los tests efectuados con animales no resultaron concluyentes. Las investigaciones se dirigieron entonces hacia el ácido linolénico, presente en un 10%. De nuevo se desarrollaron otras variedades de colza que, esta vez, reducían el contenido en ácido erúcico a menos del 1%.

Hoy en día, el aceite de colza es consumible y posee incluso un lugar de elección en nuestros hábitos de consumo, puesto que contiene un reparto particularmente equilibrado de ácidos grasos esenciales con un contenido en ácidos oleicos del 60%, en ácidos linoleicos del 20% y en ácidos linolénicos del 10%.

Su tasa de ácidos grasos saturados es inferior al 10%, cifra que es muy baja. La experiencia de la colza nos ha permitido efectivamente elaborar un aceite equilibrado, pero también ha permitido mejorar la normativa para los aceites vegetales.

Efectivamente, desde los años ochenta se ha establecido que los aceites no deben contener una tasa de ácido erúcico superior al 5%. Resulta difícil condenar definitivamente a los ácidos erúcicos y otros ácidos, pero este debate ha permitido sobre todo afirmar que es necesario adaptar los aceites consumibles en función de las personas y de su organismo, porque no todo el mundo tolera un mismo aceite por igual.

Esto también indica que debemos consumir aceites que aporten una respuesta a los problemas orgánicos que nos podamos encontrar. Por ejemplo, existen aceites adecuados para las personas que padecen colesterol.

Además, debemos procurar no consumir grasas en demasiada cantidad. Esto equivale a decir que hay que controlar nuestra absorción de grasas visibles pero también de grasas invisibles, privilegiando los aceites de buena calidad.

LOS OTROS ACEITES

Los aceites poco comunes

El aceite es contenido en numerosos frutos y semillas. Se han fabricado aceites a partir de infinidad de frutos y semillas diferentes, si bien algunos, por su limitada comercialización, son aceites poco comunes.

El aceite de piñón

Se han realizado pocos estudios sobre este aceite, del que sólo sabemos que su índice de yodo promedio es de 121.

El aceite de piñón tiene un ligero sabor y prácticamente no tiene olor. Parece ser que se trata de un excelente aceite de mesa, el cual casi no se utiliza en España. Por contra, sí se emplea mucho en Oriente y en Oriente Medio.

Aceite de chufa

La chufa es una planta herbácea de la que se consumen los bulbos, cuyo valor energético es similar al de la oliva. Aunque hoy en día no se fabrica, el aceite de chufa fue, antes que el aceite de oliva, el aceite predilecto de los egipcios hace al menos 4.000 años.

Es un aceite que tiene grandes propiedades y posee una gran facilidad de fabricación (rentabilidad, planta poco delicada, etc.). Resulta sorprendente que no se consuma en Occidente. La chufa todavía se cultiva en el norte de África, en el África tropical y en el sur de Estados Unidos.

El índice de yodo del aceite de chufa es de 81. Está compuesto principalmente por ácidos oleicos (hasta un 73%), lo que lo convierte en un buen aceite alimentario.

El aceite de acajú

El aceite de acajú se fabrica y se consume especialmente en los países tropicales. En España, son más conocidas las nueces de acajú. Posee una gran cantidad de ácidos grasos insaturados (82%), repartidos entre ácidos oleicos y ácidos linoleicos. Esta composición lo convierte en un aceite de propiedades dietéticas incontestables.

Entre los diversos centenares de aceites vegetales censados, podemos encontrar aceite de tabaco, de mijo, de saúco, de trigo sarraceno, de nuez del Brasil, de albaricoque, de nuez moscada..., todos ellos aceites vegetales que provienen de plantas que tienen un sistema de reproducción basado en las semillas.

Otros productos

La vegetalina

Con el nombre de vegetalina se comercializa el aceite de copra. Este aceite concreto se vende en forma de porciones rectangulares. Mediante hidrogenación, se satura parcialmente el aceite hasta convertirlo en una masa totalmente sólida. La vegetalina posee el mismo valor calórico que todos los aceites, pero al igual que el aceite de copra, es rica en ácidos grasos saturados, por lo que es poco recomendada por los dietistas. Sin embargo, tiene la ventaja de tolerar fuertes temperaturas y de escurrirse muy bien, lo que permite realizar frituras relativamente poco grasas.

Los nuevos productos

Con la finalidad de responder a las nuevas preocupaciones dietéticas del consumidor, la industria ha procurado fabricar aceites más equilibrados.

Un nuevo aceite compuesto por varios aceites

Existe un aceite muy particular que ha sido concebido para responder a las diversas demandas del organismo y que busca equilibrar la relación entre los ácidos grasos monoinsaturados y los ácidos grasos poliinsaturados. Está compuesto por una mezcla de aceites cuyos principales componentes son: 35% de aceite de girasol, 45% de «oleisol», 15% de aceite de soja y 5% de aceite de pepitas de uva.

Esto le confiere una composición equilibrada constituida por un 41% de ácidos grasos monoinsaturados, un 47% de ácidos grasos poliinsaturados y un 12% de ácidos grasos saturados. Puede utilizarse tanto para la cocción como para aliñar. Desde la creación de este aceite hemos asistido al nacimiento de otros productos que también provienen de la asociación de diferentes aceites.

Las margarinas y las margarinas ligeras

En el año 1869, H. Mège-Mouriès elaboró la primera margarina a partir de la emulsión de leche descremada y grasa de vaca. En el año 1957, la margarina tenía como materias grasas de base el cacahuete, la copra, el aceite de palma y de palmito y el aceite de ballena. Hoy en día, la parte grasa de las margarinas está generalmente constituida por varias materias grasas como son principalmente, y según el caso, aceites vegetales (aceite de palma), grasas vegetales brutas o hidrogenadas (copra), aceites y grasas animales muy a menudo hidrogenadas (manteca de cerdo) y aceites de pescado (anchoa, arenque). Existen margarinas con predominio de aceite de girasol, pero este sólo entra en su composición, a pesar de todo, de forma parcial.

Las margarinas más aconsejables son fácilmente reconocibles en la medida que son las que se pueden untar.

La ventaja de estas margarinas, a base esencialmente de aceites vegetales, reside en su composición, puesto que tienen un contenido medio del 45% de ácidos grasos poliinsaturados.

Por contra, las margarinas ordinarias tienen contenidos muy variables en grasas animales y vegetales, cosa que hace que puedan contener una pequeña cantidad de colesterol. Estas margarinas se caracterizan por su aspecto más «duro».

La margarina se emplea principalmente en pastelería y para la cocción. Actualmente, existen nuevos productos que consideramos más dietéticos y que tienen un cometido en ácidos grasos muy reducido, pasando del 82% en materias grasas a una media del 57% de materias grasas en los productos ligeros y del 30,5% en los productos de contenido lipídico reducido.

Desde los años ochenta, la fabricación de estos productos tiende a aumentar hasta alcanzar las 30.000 toneladas en el año 1990. Es cierto que permiten reducir la cantidad de grasas consumidas cotidianamente, pero hay que vigilar mucho su empleo para la cocción, que no siempre es posible y que, en ciertos casos, puede llegar a producir sustancias nocivas. El etiquetado de estos productos suele indicar el uso que se puede hacer de ellos y es muy aconsejable respetar sus consignas.

Los aceites de origen animal

Existen aceites de pescado y de mamíferos marinos como el aceite de ballena, de cachalote, de sardina, de arenque... El pescado es un alimento de un alto valor nutritivo porque no solamente contiene proteínas equivalentes a las de la carne sino también sales minerales, vitaminas... Los aceites de pescado son pues ricos y pueden ofrecer numerosas ventajas en función de su composición.

En general, los aceites de pescado contienen ácidos oleicos, linoleicos y eventualmente ácidos linolénicos.

Pueden tener pues un efecto benéfico sobre el colesterol. Si los aceites de pescado entran hoy en día a formar parte de la composición de numerosos alimentos industriales, en el pasado estaban destinados a un uso terapéutico o farmacológico, como era el caso del famoso aceite de hígado de bacalao.

El aceite de hígado de bacalao

El bacalao es un pescado huesudo de las regiones frías del Atlántico Norte (Islandia, Noruega...). El aceite se extrae de su hígado. Como la mayor parte de los aceites de pescado, es muy rico en vitamina A (axeroftol) y D_2, que son vitaminas liposolubles. Es por este motivo que el aceite de hígado de bacalao era utilizado como factor de crecimiento, como un antiinfeccioso o para luchar contra los problemas del raquitismo y de la asimilación del calcio. Hoy en día, existen productos de síntesis que concentran las propiedades de los aceites de pescado.

CAPÍTULO IV

Los aceites y sus usos

LAS FRITURAS

Los efectos de las altas temperaturas sobre los aceites

No todos los aceites son forzosamente buenos para la cocción. Al ser calentadas, las grasas se modifican poco a poco bajo la acción combinada del oxígeno del aire y de la temperatura. Los signos más evidentes de esta modificación son el aumento de la coloración del aceite, de su viscosidad, y la aparición de espumas. Por tanto, es fácil comprender que las altas temperaturas pueden conllevar una alteración muy importante de las grasas.

A partir de un cierto umbral crítico, llamado «punto de humo», los ácidos grasos se transforman en glicerol. Este punto varía en función de la composición de cada grasa. Esta transformación en glicerol produce acroleína, compuesto que se desprende en forma de humo. La acroleína tiene un olor acre y proviene de la descomposición del glicerol por deshidratación en el momento del calentamiento.

Si este umbral crítico varía en función de la composición de los aceites, hay que destacar que cuanto mayor sea el contenido en ácidos grasos insaturados de una determinada grasa, más bajo será su punto crítico. Sin embargo, podemos afirmar que, por norma general, las grasas alcanzan su umbral crítico a las siguientes temperaturas:

- 130° C para la mantequilla.
- 135° C de promedio para las margarinas (las que toleran la cocción).
- de 180 a 220° C para los aceites en función de su composición.

Si un aceite tiene un elevado contenido en ácidos grasos insaturados, es muy desaconsejable calentarlo por encima de su punto crítico, es decir, a más de 180° C, puesto que se convertirá en un aceite tóxico porque los ácidos grasos liberados pueden polimerizarse.

En general, para las cocciones simples que no necesitan temperaturas muy altas se pueden utilizar todos los aceites, pero siendo conscientes de que la vitamina A que puedan contener queda destruida a partir de los 100° C.

También es preferible realizar todas las cocciones a fuego vivo (es decir, por encima de 120° C, como las de los bistés, patatas fritas, salteados, crepes, etc.), a pesar de lo que el arte de la cocina pueda opinar, y siempre preferiblemente con aceite que con mantequilla, porque esta última pierde su digestibilidad al calentarla.

En el caso de las frituras, que tienen como objetivo llevar los alimentos a una temperatura suficientemente elevada como para caramelizar el almidón, no resulta útil calentar las grasas a muy alta temperatura: unos 170 o 180° C serán más que suficientes, temperatura que corresponde a la tolerancia media de los aceites al calor. Para evitar sobrepasar esta temperatura en el momento de freír, hay que vigilar que el aceite no humee, cosa que se produce generalmente alrededor de los 200 o 230° C para los aceites que todavía no se han utilizado y alrededor de los 170° C para los aceites ya utilizados. Existen hoy en día aparatos de freír provistos de termostatos que permiten controlar la temperatura. Hay que destacar que se han podido establecer cuatro tipos de comportamientos entre los usuarios, siendo el más sorprendente el de las personas que utilizan las freidoras eléctricas. La mayor parte de ellas no renuevan el aceite antes de la decimosexta utilización, o más. Según este estudio, este tipo de consumidores consume principalmente aceite de cacahuete y no toma ninguna precaución importante para conservar y proteger el aceite. Por consiguiente, no hay que olvidar que ni el material de buena calidad ni la tecnología podrán modificar nunca el empleo que hagamos del aceite.

En el caso de la fritura con cubeta freidora, únicamente se aconseja emplear aceites lo más resistentes posible, como veremos a continuación. También podemos indicar que, a fuego medio, el aceite alcanza los 130-140° C al cabo de unos 15 minutos más o menos (lo que permite un primer baño de fritura para las patatas, los huevos, etc.) y los 160 a 175° C al cabo de unos veinticinco minutos, temperatura esta ideal para los rebozados, tales como los buñuelos. Poco después el aceite alcanza los 180° C, temperatura indicada para una segunda fritura y para todas las frituras de pescado. Un truco para saber la temperatura sin termostato consiste en lanzar un trozo de pan en el aceite caliente: si cuando el pan sube a la superficie, emite rápidamente olor, ¡es señal de que el aceite está listo! Los usuarios que cuiden de su aceite de freír evitarán los efectos tóxicos de los aceites sobre el organismo.

El aceite no debe ser calentado durante mucho tiempo sin añadir ningún alimento al mismo.

Clasificación de los aceites en función de su resistencia al calor

La legislación actual obliga a los fabricantes a indicar si un aceite contiene más del 2% de ácidos linoleicos. En este caso, su uso sólo será recomendable como condimento, siendo vendidos bajo la denominación de «aceites para condimento».

- El aceite que tiene el punto de humo más elevado es el aceite de palma, que se sitúa en los 240° C. Sería pues el mejor aceite para freír a altas temperaturas, pero presenta también la pequeña desventaja de tener una composición próxima a la de las grasas animales. Si bien el aceite de palma se emplea frecuentemente en restauración, sigue siendo poco utilizado por los particulares.

- El aceite de cacahuete es el que tiene un comportamiento más adecuado frente al calor: es el que mejor tolera la fritura porque su punto de humo se sitúa, de promedio, en los 190° C. Por tanto, se trata de un buen aceite para freír porque es un aceite estable; pero por ser un aceite fabricado industrialmente, resulta uno de los aceites más desnaturalizados.
- Un aceite que se comporta bastante bien al calentarlo es el aceite de pepitas de uva. Ofrece sobre todo la ventaja de no transmitir ningún sabor particular a la fritura.
- El aceite de copra hidrogenado resiste también bastante bien el calor, incluso aunque su punto de humo no sea mucho más elevado que la media de los demás aceites, que es de 170° C. En efecto, está compuesto, en gran medida, por ácidos grasos saturados cosa que le otorga no solamente una gran estabilidad para las frituras, sino que también permite su empleo reiterativo. Los análisis han revelado que el aceite de copra hidrogenado destaca por su bajo contenido en compuestos polares y polímeros en el transcurso de los sucesivos recalentamientos.
- Por contra, el aceite de oliva se desaconseja para las frituras porque libera, al calentarlo, un fuerte olor y tiene un sabor demasiado pronunciado. Es un aceite para consumir sobre todo crudo, estado en el cual conserva sus propiedades y su gran digestibilidad.
- Los aceites de maíz y de girasol se considera que no deben utilizarse a más de 170° C.
- En cuanto a los aceites de nuez y de soja, no toleran el calentamiento.
- El aceite concreto del tipo vegetalina es bastante apreciado para las frituras.

Consejos y tiempo de calentamiento

Los aceites para frituras tienen propiedades sensiblemente idénticas que permiten realizar cocciones sin ningún peligro para la salud. Sin embargo, no es tanto la calidad de sus diferentes aceites lo que es importante, sino más bien el cuidado que pongamos en la fritura.

- El tiempo de calentamiento, naturalmente, debe limitarse.
- Las altas temperaturas no deben prolongarse durante largo tiempo, de forma que en cuanto los alimentos queden dorados, deben ser retirados. En general, cuando el alimento está ya frito, sube a la superficie. Se aconseja la cocción más bien corta porque un fuerte calentamiento prolongado puede, a pesar de todo, alterar las propiedades del aceite.
- Para facilitar la cocción y evitar «sobrecalentar» el aceite, es preferible que los alimentos que vayamos a freír sean de pequeño tamaño, para que no enfríen demasiado el aceite. Los alimentos demasiado grandes enfriarán el aceite y, en consecuencia, se empaparán demasiado de materias grasas y no se freirán correctamente.
- También es importante velar para que el empleo de un mismo baño de aceite no se repita demasiado. En efecto, cuantas más veces hayamos calentado un mismo aceite, más compuestos químicos de nueva creación se acumularán en el mismo, lo que lo convertirán en un aceite nocivo. Cada nueva fritura incrementa la adulteración del aceite. Es importante recalcar que, aunque no se haya utilizado para freír, el aceite también se va alterando con el tiempo.
- El mantenimiento cuidadoso del aceite para freír constituye asimismo la mejor garantía de su calidad. Para ello hay que vigilar que el color del aceite no vire a marrón e igualmente la aparición de una espuma fina y persistente. Si aparece alguno de estos fenómenos hay que cambiar el aceite.
- No sólo es importante filtrar el aceite después de cada fritura con el fin de eliminar los restos de las partículas alimentarias que constituyen elementos indigestos, sino también limitar el número de frituras con un mismo aceite. Es pues aconsejable limitar a diez frituras sucesivas para el uso de un mismo aceite, si bien esta cifra es un promedio y, por ejemplo, con aceite de cacahuete es posible realizar hasta 12 frituras, mientras que con los de girasol y maíz es preferi-

ble realizar menos de 8 frituras. Estos dos aceites, muy fluidos, permiten un perfecto escurrido de los ingredientes y, por tanto, una fritura «más ligera».

- También es muy importante no añadir aceite «nuevo» al aceite que ya ha sido utilizado para reponer el nivel de aceite del baño de fritura, porque de esta forma aumenta la acumulación de polímeros y peróxidos, ambos muy tóxicos. En este caso, es aconsejable renovar completamente todo el aceite.
- Cuando un aceite ya no sirve, hay que procurar conservarlo al abrigo del aire. En efecto, el oxígeno se fija principalmente sobre los ácidos grasos insaturados, lo que provoca una oxidación y enranciamiento más rápidos del aceite.

Por lo tanto, hay que evitar al máximo el contacto del aceite con el aire conservándolo en recipientes de pequeña obertura que mantendremos bien cerrados.

En resumen, es necesario recordar que el aceite es un producto noble de delicadas características que hay que utilizar con cuidado. De lo contrario, sus beneficiosos componentes, indispensables para nuestra alimentación, pueden transformarse en productos nocivos. Además, los aceites utilizados para las frituras y cocciones fuertes no aportan al organismo la cantidad de ácidos grasos necesarios para el organismo por lo que es indispensable consumir también aceites crudos. Si bien no se ha detectado ningún peligro para la salud en el caso de un calentamiento moderado de los aceites, es muy importante realizar un buen mantenimiento y un uso correcto de los aceites durante la cocción.

Recetas para las frituras

El 4% de los hogares españoles utilizan al menos una vez por semana un baño de fritura. En el 95% de los casos, esta utilización se destina concretamente a la cocción de patatas fritas. Los rebozados sólo constituyen el 33% de la utilización de este tipo de cocción y el pescado es todavía con menor frecuencia objeto de una fritura profunda, sólo en un 10% de los casos. Sin embargo, mediante la fritura es posible cocinar numerosos alimentos.

Así, la mayoría de las verduras pueden freírse. Este procedimiento permite que la verdura que es sumergida en un baño de fritura se rodee de una capa crujiente, preservando un aspecto y una textura blandos en su interior. Este procedimiento es ampliamente utilizado para las patatas que contienen suficiente almidón para ser freídas sin preparación previa.

Por contra, las verduras que contienen más líquido (acuosas) pueden comerse crudas, aunque, en la mayoría de los casos, se preparan sancochadas o secadas y previamente enharinadas (protegidas por una capa harinosa) o rebozadas con una pasta para rebozar de pan rallado o de huevo, porque no hay que olvidar que uno de los «enemigos» de la fritura es el agua que se evapora a 100° C y que, en consecuencia, disocia la fritura. Si se trata de verduras acuosas, debemos procurar que estén lo más secas posible antes de sumergirlas en un baño de fritura.

Otros métodos para eliminar el agua contenida en las verduras son la maceración en sal o incluso la precocción. También podemos realizar frituras de berenjenas, de calabacines, etc. Un plato clásico, realizado con verduras, es el frito-misto, que está formado por alimentos de corazón blando rebozados con una fina capa de pasta de buñuelos, acompañados con una fritura de boquerones frescos, eperlanos o de pequeñas sardinas.

Los huevos, por el contrario, se adaptan perfectamente a este tipo de cocción porque son ricos en albúmina, por lo que pueden sumergirse directamente en el aceite caliente.

Para el pescado, hay dos elementos importantes que determinan el éxito de la cocción:

- La cantidad de pescado sumergido: si se sumerge una gran cantidad de pescado, este producirá demasiada agua y formará una emulsión (espuma) con el aceite.
- La temperatura del baño de fritura: es importante conseguir la tem-

peratura justa, puesto que si la temperatura es demasiado alta, el pescado se volverá marrón demasiado rápido, sin cocerse, y a una temperatura demasiado baja, se empapará de aceite.

Por tanto, es aconsejable freír el pescado de pequeño tamaño (como las sardinas) a 180° C durante 3 a 5 minutos y los más grandes de 6 a 8 minutos en una primera fase y después durante 2 a 3 minutos en una segunda fase, siempre a una temperatura de 180° C. Existen varias maneras de rebozar el pescado y el marisco. Una técnica tradicional consiste en sumergirlos en leche fría y pasarlos a continuación por harina. Pero también es posible rebozarlos únicamente con clara de huevo batida, lo que da lugar a un rebozado crujiente, a la asiática.

Los churros

Para 15 churros, se necesitan 250 g de harina, 25 cl de agua, una pizca de sal y aceite de cacahuete.

Se vierte, de una sola vez, los 25 cl de agua, previamente llevada a ebullición junto con la sal, en el interior de un cuenco que contenga la harina tamizada. Se remueve vigorosamente con una cuchara de madera hasta obtener una pasta más bien espesa pero homogénea. Después de que la preparación se entibie un poco, se introduce en una manga pastelera con una boquilla de 1 cm de diámetro. Se calienta el aceite de cacahuete. Sobre el lugar de trabajo previamente enharinado, se forman líneas de pasta o «churros» de 5 cm de longitud. Cuando el aceite alcance la temperatura de 180° C, se introducen los churros de cuatro en cuatro en el aceite caliente. No hay que dejarlos freír más de dos minutos por cada lado, es decir, lo justo para que la pasta se vuelva rubia. A continuación, se sacan del aceite, se escurren con la ayuda de una espumadera y se colocan sobre papel absorbente para eliminar el exceso de aceite. Se espolvorean con azúcar y se consumen tibios.

Gambas al pastís

Para 4 personas, se necesitan 16 gambas frescas, una cucharadita de café de pastís, una ramita de tomillo, aceite de oliva y 5 dientes de ajo.

Se parten las gambas longitudinalmente en dos partes (sin descortezarlas) y se vierte en su interior el pastís sin olvidar salpimentarlas. A continuación, se fríen las gambas en una sartén en la que habremos añadido los 15 cl de aceite de oliva, el tomillo y los dientes de ajo troceados. Cuando los crustáceos estén dorados, ya pueden consumirse, escurriéndolos bien previamente.

Buñuelos de sardinas rellenas

Para 4 personas, se necesitan 1 kg de sardinas frescas, 250 g de tetragonio (un tipo de espinaca), 250 g de tomate, 2 dientes de ajo, 50 g de miga de pan, 12 cl de leche, 3 cucharadas soperas de aceite de oliva y aceite de cacahuete para el baño de fritura. Se prepara una pasta de buñuelos y mientras se deja reposar, se sumerge la miga de pan en leche hasta que se hinche; finalmente, se escurre.

Se cuece el tetragonio y los tomates (pelados) a fuego vivo durante 3 minutos, y se escurren. Se añade el ajo y se tritura todo junto. Después, se mezcla esta preparación con la miga de pan, se añade el aceite de oliva y se salpimenta. Este relleno servirá para guarnecer las sardinas, que deben ser previamente descamadas, descabezadas, abiertas longitudinalmente y eliminada su arista central. Una vez rellenas, se vuelven a cerrar las sardinas y se pasan por la pasta de rebozar antes de freírlas durante 3 o 4 minutos, en pequeñas cantidades, en el aceite de cacahuete. Se escurren a medida que estén fritas y se reservan en caliente (en el horno a temperatura suave) hasta el momento de servirlas.

Los marinados

Los marinados nos brindan la posibilidad de hacer más tiernas las carnes, las aves y el pescado, y potenciar su sabor. Para ello, se aconseja utilizar aceites de muy buena calidad y de sabor delicado. Es preferible escoger aceites que tengan un buen sabor afrutado, como es naturalmente el caso del aceite de oliva, aunque para la caza mayor también se puede utilizar el aceite de avellana. Existen dos tipos de marinados:

Los marinados crudos

Por regla general, para un marinado, se dispone el alimento en un plato hondo, y se añade la sal y la pimienta por ambos lados y a continuación el zumo de un limón. Se elegirán los condimentos en función del tipo de alimento y de nuestros propios gustos (tomillo, romero, albahaca, hierbas de Provenza...) y a continuación se añadirán 4 cucharadas soperas de aceite de oliva. Se deja macerar todo durante tres cuartos de hora aproximadamente (más si las piezas son grandes), removiéndolo de vez en cuando. Los marinados que suelen prepararse para las barbacoas también pueden constituir platos con sabores de plantas aromáticas y especias. La mayoría suelen prepararse a base de aceite de oliva, como es el caso de este original marinado de pierna de cordero.

Pierna de cordero marinada

Por cada kilo de pierna de cordero, hay que contar con 4 cucharadas soperas de aceite, 1 limón encurtido en vinagre, la piel y el zumo de un limón, 1/2 cabeza de ajos, 1 cebolla, 1 ramita de romero, 1 ramita de tomillo, 1 guindilla seca pequeña, 1 cucharadita de café de pimienta negra en grano, un poco de sal y una cucharadita de café de granos de pimienta roja. Se trocean o trituran finamente todos los ingredientes y se mezclan con el aceite. Después, se añaden el zumo y la piel del limón. A continuación, se practican unas ligeras incisiones sobre las partes grasas de la carne. Finalmente, se deja marinar durante 5 o 6 horas, al fresco, para cocerla después al horno.

Los marinados cocinados

Al igual que los marinados crudos, tienen la capacidad de hacer más tiernas las carnes y de impregnarlas de aromas, al mismo tiempo que tienen la ventaja de acelerar el proceso. Además de potenciar los sabores de las carnes, los marinados también constituyen, como antaño, un medio de conservar los alimentos otorgándoles un sabor muy agradable.

El aceite como medio de conservación de los alimentos

Antes de la aparición de las conservas, tan prácticas para guardar los alimentos, existían otros métodos muy sabrosos. Los aceites eran muy útiles porque permitían conservar las verduras, los quesos y en algunos casos también los pescados.

Hoy en día, aunque este uso de los aceites ha perdido su utilidad, quedan todavía algunas recetas que se elaboran únicamente por el placer de saborear los gustos que nos vienen directamente del pasado. Para este tipo de preparaciones, el aceite de oliva es el más utilizado. Podemos obtener sabores de Provenza que se exaltan, por ejemplo, con los quesos de cabra marinados.

Quesos de cabra marinados

Para ello, necesitaremos: 8 pequeños quesos de cabra semisecos, 3 dientes de ajo, algunas ramitas de romero, ajedrea, tomillo y 4 hojas de laurel o de albahaca. También es necesario un bocal muy limpio (previamente escaldado con agua hirviendo) y que se pueda cerrar herméticamente. Iremos introduciendo en él, de forma sucesiva, los quesos de cabra, los productos aromáticos y algunos granos de pimienta. Se recubre todo hasta la boca del bocal con aceite de oliva seleccionado de primera presión en frío y, si es posible, de calidad extra.

Hay que conservar la preparación en un lugar oscuro y a una temperatura media. Este marinado puede ser degustado de una semana a un mes después de su preparación. Una vez consumidos los quesos de cabra, el aceite puede volver a utilizarse para una nueva marinada de quesos de cabra, pero renovando los productos aromáticos. Las marinadas son un medio para conservar las verduras y su máxima textura fundente, como en el caso de la marinada de pimientos de tres colores.

Marinado de pimientos de tres colores

Necesitaremos 3 pimientos (uno verde, uno rojo y uno amarillo), que asaremos a la brasa enteros (al horno) y que luego mantendremos dentro de una caja o envueltos en papel de periódico hasta que se enfríen, con el fin de poder pelarlos más fácilmente. Durante este lapso de tiempo, sofreiremos 3 dientes de ajo en aceite de oliva a fuego muy suave durante unos 3 minutos.

Ya sólo nos queda pelar los pimientos, eliminar las semillas y los rabitos, cosa que no cuesta mucho gracias a la cocción, y finalmente cortarlos en tiras. A continuación, los depositaremos en un plato y los condimentaremos con pimienta y orégano. Tomaremos el ajo y el aceite de cocción del mismo y añadiremos el zumo de un limón y 20 cl de aceite de oliva de primera presión. Verteremos lentamente esta mezcla sobre los pimientos y dejaremos que se marinen al menos durante 2 horas en la nevera. Al igual como con el queso de cabra, el marinado de pimientos puede conservarse hasta una semana en el refrigerador. Este marinado puede acompañar diversos platos (carnes a la brasa, pescados) o incluso servir como entrante, procurando añadir la sal antes de consumirlos. Una variación posible de este marinado de pimientos consiste en añadir pimientos rojos frescos, cortados en tiras y sin pepitas. El procedimiento es el mismo, aunque los productos aromáticos pueden ser diferentes. Finalmente, añadimos alcaparras y semillas de hinojo. Esta preparación puede conservarse en un tarro durante un poco más de tiempo, siempre que sea al abrigo de la luz.

Sardinas en aceite

Las sardinas en aceite se pueden encontrar en cualquier comercio, aunque también es posible prepararlas uno mismo. Se necesitarán 2 sardinas de buen tamaño por persona. Después de vaciarlas y de quitarles la cabeza, se recubren completamente con sal gorda. Se dejan así, en la nevera, durante más de una hora. Transcurrido este tiempo, se introducen las sardinas «con la cabeza hacia abajo» en un tarro muy limpio y se añaden las hierbas aromáticas deseadas (ajo, chalotes cortados en lonchas, cebollas finamente picadas, hojas de laurel, granos de pimienta). Se recubre todo con aceite de oliva de primera presión y se cierra el tarro herméticamente. No hay que olvidar esterilizar el recipiente al baño María, sumergiéndolo en otro recipiente más grande con agua hirviendo durante un tiempo mínimo de 30 minutos (el tiempo dependerá de la talla del tarro mismo). Finalmente, se guarda el recipiente en un lugar fresco y al abrigo de la luz. Las sardinas preparadas de esta forma pueden conservarse más de dos años. Es cierto que el aceite de oliva y las tradiciones culinarias mediterráneas nos son muy presentes, pero la conservación mediante marinados a base de aceite también puede ser una muestra de la cocina de los países nórdicos, como por ejemplo este marinado de arenques que se prepara en aceite de girasol.

Marinado de arenques

Se necesitan 3 arenques ligeramente salados y ahumados, 1 limón, 2 cebollas pequeñas, 1 diente de ajo, algunas hojas de laurel, bayas de enebro, 1 ramillete de eneldo y 1 zanahoria. Se parten los arenques en sentido longitudinal, se les quita la aleta central y las aletas pequeñas, y se cortan en filetes. A continuación, se colocan los filetes en el fondo de un plato, uno al lado de otro, alternando en capas sucesivas los arenques y los productos aromáticos finamente cortados, para acabar con una capa de productos aromáticos. Finalmente, se recubre completamente la preparación con aceite de girasol y se deja marinar como mínimo durante 24 horas a temperatura ambiente, o bien se conserva durante una semana en un lugar fresco.

Las salsas

Existen numerosas salsas realizadas con aceites. Los aceites tienen múltiples sabores y muchas propiedades, que, además, nos permiten asociarlos con una cantidad de alimentos que sería difícil enumerar. Esto nos permite, en cualquier caso, variar los sabores de las ensaladas y las verduras hasta el infinito. Por lo tanto, sólo vamos a enumerar algunos ejemplos.

- El aceite de soja es absolutamente recomendable para las preparaciones frías. Se puede acompañar perfectamente con zumo de limón, de naranja o de pomelo, o con vinagre de hidromiel. Es un aceite ideal para las mayonesas.
- Los aceites de nuez y de avellana son también excelentes para condimentar las ensaladas, ofreciéndonos una agradable evocación de otoño-invierno.

Ensalada de endibias

El aceite de nuez, muy conocido en la actualidad, puede mezclarse con las hojas de endibia, nueces verdes molidas, queso roquefort y una manzana ácida cortada en finas láminas. Podemos añadir a esta preparación algo más de aceite, esta vez en forma de una emulsión de aceite de nuez con un poco de nata, el zumo de un limón y una cucharadita de café de miel de acacia, lo que da como resultado una salsa de un sabor muy delicado. Esta salsa resulta adecuada también para la ensalada de hojas de roble e incluso con el magret ahumado.

Aunque el aceite de oliva está más que recomendado para todas las ensaladas, crudités y en general como aceite de mesa, también evoca ciertas salsas de marcado carácter regional, como es el caso del alioli:

El alioli

Necesitaremos una yema de huevo, 6 dientes de ajo, 25 cl de aceite virgen de primera presión extra y el zumo de 1/2 limón. El secreto de la elaboración del alioli se reduce a un giro de muñeca. Hay que machacar el ajo (previamente pelado) en el mortero para ir añadiendo delicada y lentamente el aceite de oliva sin parar nunca de trabajar la preparación con la mano de mortero (girando siempre en el mismo sentido), hasta la obtención de una pasta semisólida. Sólo nos queda añadir el zumo del limón y, si la salsa resulta demasiado espesa, desleírla con un poco de agua (tibia).

Esta salsa a base de ajo y aceite de oliva puede utilizarse para acompañar las crudités, las verduras cocidas y también las carnes y pescados.

Salsa de anchoas

Se necesitan 15 cl de aceite de primera presión en frío, 8 filetes de anchoas en aceite de oliva, una buena cucharada sopera de alcaparras, 1 cucharadita de café de zumo de limón y 1 diente de ajo.

Una vez desaladas las anchoas (es decir, aclaradas con agua caliente) y escurridas, se mezclan con las alcaparras, el ajo y el aceite de oliva. A continuación, se añaden el zumo del limón y la pimienta.

Salsa provenzal a la albahaca

Se necesitan 20 cl de aceite de oliva de primera presión en frío, un ramillete de albahaca fresca, 1 chalote, 1 cucharadita de café de mostaza fuerte, 1 cucharadita de café de zumo de limón, 1 yema de huevo y 2 cucharadas soperas de jugo de tomate.

Se calientan 2 cucharaditas de café de aceite de oliva, se añade el chalote picado y se deja cocer todo durante 5 minutos a fuego medio. A continuación, se añaden la albahaca finamente cortada, la mostaza, el zumo de limón, la sal y la pimienta. Una vez mezclados bien todos los ingredientes, se retira del fuego y se deja enfriar. Se añade entonces la yema de huevo y se vuelve a calentar a fuego muy suave al tiempo que se va añadiendo, poco a poco, el aceite de oliva restante. Se deja cocer removiendo hasta que el aceite haya sido totalmente absorbido. Finalmente, se añade el jugo de tomate. Una vez que este se ha mezclado con los ingredientes, la salsa está lista. Esta salsa se utilizará para acompañar carnes y pescados a la brasa.

El aceite de cártamo es un aceite excelente para la elaboración de salsas frías o calientes, con la condición de que no lo calentemos a una temperatura demasiado elevada. Este aceite le da a la salsa un toque más exótico.

Salsa vietnamita

Se necesitan 15 cl de salsa Nuoc Nam, 2 cebollas, 1 diente de ajo, 1/2 pimiento morrón pequeño, 1 guindilla fresca, caramelo líquido y 10 cl de aceite de cártamo. Se machacan finamente el ajo, la cebolla, el pimiento morrón y la guindilla, y se cuecen a fuego lento de 5 a 10 minutos sin dejar de remover. Al final de esta primera cocción, se añade un poco de agua tibia y se dejan cocer de nuevo durante 15 minutos más, a fuego muy suave, removiendo de vez en cuando. A continuación, se filtra el aceite y se añaden la salsa de Nuoc Nam (1 cucharadita de café) y el caramelo (la misma cantidad).

Esta salsa puede utilizarse directamente para rehogar pequeños trozos de cerdo. Si queremos convertirla en una salsa para arroz, es preferible dejarla cocer de nuevo algunos minutos más para que todos los sabores se mezclen bien.

- El aceite de adormidera se considera un aceite muy fino, muy adecuado para las crudités y las ensaladas. Podemos añadirle anís verde, por ejemplo.
- El aceite de sésamo también es adecuado para las crudités y puede constituir una buena base de salsa fría para todos los ingredientes de sabor más bien pronunciado.

Salsa oriental

Se necesitan 4 chalotes, 3 cucharadas soperas de aceite de sésamo, 2 vasos de zumo de naranja fresco, 1/2 guindilla, perejil picado y 1/2 cucharadita de café de fécula.

A fuego lento, se calienta el aceite con los chalotes troceados durante 5 minutos. A continuación, se añaden la guindilla finamente picada, la fécula y el zumo de naranja, y se mantiene todo en el fuego durante 8 minutos más, sin olvidar removerlo. Antes de servir, se salpimenta y se añade el perejil finamente picado.

Esta salsa sirve para acompañar las carnes a la brasa pero también puede filtrarse para acompañar a verduras como los calabacines o las berenjenas.

En cuanto a los aceites de girasol y de maíz, pueden servir para todas las preparaciones de salsas frías o calientes, y son sobre todo muy útiles para preparar una buena mayonesa.

Una salsa es una emulsión que necesita que todos los ingredientes estén a la misma temperatura. Al principio, necesita siempre una solución ácida, que puede hacerse a base de zumo de limón o de vinagre, a la que añadiremos lentamente el aceite para obtener una mezcla lisa y homogénea. Las cantidades son las mismas que las de toda preparación cuya base sea una vinagreta: una cucharada sopera de vinagre o de zumo de limón por cada 2,5 a 3 cucharadas soperas de aceite. A partir de esta simple emulsión, se pueden crear una gran variedad de salsas más o menos originales, pero que se prepararán en función de los gustos de cada cual. También es posible añadir a la vinagreta albahaca, chalotes picados, tomate triturado, perejil, etc.

Tampoco hay que olvidar que también podemos variar el aceite en función de los alimentos.

CONSEJOS PARA ADEREZAR SUS ACEITES

Gracias a los aromas y a las especias, podemos otorgar a los aceites los sabores más diversos. De esta forma, se pueden elaborar preparaciones más personales que darán a sus salsas más sabor. Para ello, necesitaremos pequeños recipientes muy limpios en los que mezclaremos el aceite y los productos aromáticos deseados. Hay que realizar este tipo de preparaciones como mínimo 48 horas antes para que tengan tiempo de macerarse bien y desarrollar todos sus aromas. He aquí un ejemplo de un aceite de sabor especial.

Aceite para crudités

En un recipiente, se ponen el aceite de germen de trigo de primera presión, una pizca de sal, el zumo de 1/2 limón, 1 diente de ajo, algunas cebollas pequeñas, 1 cucharada sopera de levadura de cerveza, algunos piñones tostados y algunos granos de trigo. Esta preparación debe conservarse al abrigo del calor y de la luz, y debe consumirse rápidamente porque, por desgracia, el germen de trigo se vuelve rancio con mucha facilidad.

Por contra, es posible realizar este mismo tipo de preparación (y muchas otras) con el aceite de oliva. Podemos ir renovando la preparación a medida que se vaya consumiendo sin necesidad de limpiar el recipiente. Bastará simplemente con renovar los ingredientes a medida que los vayamos utilizando (cosa que puede escalonarse durante más tiempo que para la receta a base de aceite de germen de trigo).

El aceite puede considerarse, igual que el vinagre, un medio para conservar durante mucho tiempo las plantas aromáticas de su jardín. Por ejemplo, el aceite de oliva combina bien con:

- La famosa albahaca, que también puede conservarse en aceite. La albahaca puede asociarse con ajo, con chalotes o con salvia. Esta preparación puede servir para acompañar la pasta, las aves, los huevos, ciertos pescados e incluso el tomate y el pisto.
- El estragón, que también puede conservarse en otros aceites. Es una hierba de perfume muy fuerte que desarrollará todos sus aromas en aceite. Se aconseja utilizarlo solo o vigilando las hierbas que se le añaden, puesto que es una planta de perfume dominante.
- El tomillo al igual que se conserva seco, se puede conservar también en aceite. Permite preparar sabrosos marinados que siempre irán bien con las carnes asadas a la parrilla.

Sólo se trata de algunos ejemplos de plantas aromáticas que podemos añadir al aceite para darle más sabor. Hasta aquí hemos enumerado algunos usos de los aceites en nuestra alimentación. Ya sea en forma de frituras o para acompañar las crudités, las ensaladas, ciertos platos o incluso conservas, los aceites pueden constituir la base de numerosas preparaciones. Y es precisamente porque son la base de diversas recetas que es necesario variarlos, para asegurarnos de consumir los diferentes tipos que existen. Existen suficientes aceites diferentes para evitar consumir los «malos». Esta actitud no sólo nos permitirá hacer más agradables los platos, sino también realizar un gesto para conseguir una buena salud.

CAPÍTULO V

Los aceites en todos sus estados posibles

USOS INDUSTRIALES NO ALIMENTARIOS DE LOS ACEITES

Los aceites que hemos visto no tienen únicamente una función alimentaria. En su mayoría también pueden intervenir en la fabricación de perfumes, productos cosméticos o farmacéuticos, o incluso en otros usos muy variados.

El aceite de almendras dulces

El aceite de almendras dulces es mucho más conocido por sus virtudes para el cuerpo. Forma parte de la fabricación de numerosos productos dietéticos, tales como jabones, aceites para la piel, etc.

De su orujo se obtiene una harina que forma parte de la composición de ciertos polvos de toilette.

El aceite de cacahuete

El aceite de cacahuete también interviene en la composición de ciertos jabones y, más sorprendente todavía, en la fabricación de lubrificantes o de aceites para el alumbrado. En cuanto a su orujo, tiene la ventaja de servir como alimento del ganado.

El aceite de trigo

Siendo su extracción poco rentable para la producción a gran escala, este aceite, muy preciado y rico en vitaminas, es principalmente utilizado para la elaboración de productos farmacéuticos y cosméticos, como por ejemplo el lápiz de labios.

El aceite de cártamo

Es un aceite de propiedades secantes y que puede servir, por tanto, como liante para las pinturas. También se emplea en la preparación de aceites para el baño de tipo industrial, que sustituyen a los aceites corporales.

El aceite de colza

Se ha empleado para la elaboración de aceite de alumbrado y también de aceites engrasantes. También puede formar parte de la composición de los jabones. Es un aceite secante.

El aceite de copra

Todos conocemos el olor del aceite de coco, que forma parte a menudo de la composición de productos cosméticos de todo tipo, pero este aceite también puede formar parte de la composición de las pinturas porque tiene propiedades secantes. Su orujo se utiliza generalmente como fertilizante.

El aceite de algodón

Es un aceite que sirve para fabricar caucho.

El aceite de lino

Es un aceite conocido desde hace mucho tiempo por sus propiedades emolientes y secantes. Se suele utilizar para la fabricación de pinturas. El pintor holandés Van Eyck fue el primero en emplearlo en el siglo XV para dar más luz y más brillo a sus telas... ¡de lino! Se utiliza para la fabricación de las pinturas al óleo, únicamente para la imprimación.
En las pinturas para desleír, los colores se mezclan con aceite de lino y

masillas en lágrimas. Hasta el siglo XIX, los artistas pastaban ellos mismos sus propios colores. Este procedimiento les permitía componer mezclas completamente únicas y particulares.

Hasta ese siglo, el mejor aceite de lino para pintura procedía de Holanda. Para que este aceite fuera tan blanco como el de adormidera, era expuesto al sol junto con albayalde (carbonato básico de plomo) en recipientes también de plomo.

También forma parte de la composición de ciertos productos de limpieza para suelos (del 5 al 15%).

El aceite de maíz

Puede emplearse para la fabricación de jabones, pero también de pinturas y, más curiosamente aún, para la fabricación de revestimientos para suelos a base de linóleo. También puede servir como aceite de alumbrado porque no desprende ningún olor al calentarse y emite una hermosa llama blanca. Su orujo constituyen un buen alimento para el ganado bovino.

El aceite de avellana

Se emplea en perfumería.

El aceite de nueces

Al igual que el aceite de lino, servía y sirve aún para preparar pinturas al óleo y pinturas para desleír. Al aceite de nueces debe añadírsele litargirio (protóxido de plomo). También se emplea para desleír los blancos.

El aceite de adormidera

Es un aceite que se emplea para elaborar pinturas, barnices y albayaldes. Servía sobre todo para elaborar el aceite para retoques. Este se componía de aceite de adormidera y sal de saturno, que formaba una pasta blanda. Este aceite permitía desleír los blancos de plomo porque puede ser secante. Su orujo se utiliza principalmente como abono, pero también puede emplearse como alimento para el ganado.

El aceite de oliva

El aceite de oliva se utiliza sobre todo en la fabricación de productos cosméticos.

El aceite de naranjo

Se emplea principalmente en la elaboración de jabones. No debe confundirse con la esencia de naranjo, puesto que el aceite se obtiene a partir de las pepitas de la naranja.

El aceite de sésamo

Se utiliza para la fabricación de jabones, pero también es muy útil en la fabricación de perfumes porque es posible extraerlo de los perfumes de las flores.

El aceite de soja

Es un aceite apto para múltiples usos, que van desde la fabricación del caucho a la de las lanas artificiales, pasando por los productos cosméticos y farmacéuticos.

Para todos estos usos, se suelen utilizar aceites de segunda o incluso de tercera presión. Igualmente, podemos constatar que los orujos son, en su mayoría, reintroducidos en la industria, cosa que permite decir que los frutos y las semillas pueden proveer una gran cantidad de productos y, en definitiva, pocos productos de desecho.

Otro aceite vegetal que aunque no es un aceite alimentario también podemos incluir aquí es el aceite de ricino.

El aceite de ricino

El aceite de ricino casi no tiene color. Puede ser débilmente amarillento. Su sabor es más bien suave al principio, pero se vuelve irritante a continuación. El ricino pertenece a la familia de las euforbiáceas. Su aceite se extrae de las semillas mediante presión y extracción con disolventes. La semilla de la que se obtiene, el ricino, contiene una fototoxina que es un veneno peligroso. Este veneno permanece en el orujo después de la extracción del aceite, lo que lo convierte en un alimento no apto para el ganado bovino. En consecuencia, solamente puede ser utilizado como abono.

El aceite de ricino es un aceite no comestible pero de virtudes laxantes incontestables, motivo por el cual es un aceite conocido desde hace siglos.

Tiene un elevado contenido de ácidos ricinoleicos (86%), pero un contenido muy bajo en ácidos saturados (del 2 al 3%). Su índice de yodo es de 85.

El aceite de ricino se emplea como tratamiento purgante interno en caso de irritación de las vías digestivas, cólicos, disentería, oclusión intestinal y envenenamiento por sustancias acres, así como en caso de peritonitis o de inflamación intestinal. Se aconseja consumir entre 10 y 60 g por día, según la intensidad del tratamiento. Pero también es posible tomarlo cada dos días.

También se puede utilizar en uso externo mezclándolo con colodión, una solución nitrocelulósica en alcohol y éter que se empleaba antiguamente en farmacia. Esta poción se extiende sobre las heridas, llagas, cicatrices, rasguños, arañazos y cortes con el fin de protegerlos contra las infecciones microbianas.

El aceite de ricino también se emplea en cosmética (como brillantina para estimular el crecimiento del cabello) o como aceite de engrase para ciertos coches.

En ningún caso debemos confundir estos aceites con los aceites esenciales, que también proceden de las plantas, pero cuyos usos y virtudes son muy diferentes.

Los aceites esenciales

Aunque no tengamos conciencia de ello, los aceites esenciales o las plantas aromáticas de los que estos se extraen tienen mil y un usos en nuestra vida cotidiana, desde el jarabe de eucalipto hasta los artículos de limpieza a base de lavanda, pasando por la crema corporal a base de manzanilla... Utilizamos los servicios y las propiedades de todos los aceites esenciales.

Los aceites esenciales son totalmente naturales y puros, y se extraen únicamente de las partes odoríferas de las plantas aromáticas, que pueden ser las flores, los frutos, las hojas, los tallos, la madera, los bulbos, los rizomas, las raíces, etc., según el tipo de planta de que se trate. De esta forma ya se diferencian de los aceites grasos en su origen. Las esencias también se distinguen por su comportamiento porque, a diferencia de los aceites grasos que se fijan y que manchan el papel de forma indeleble, estas sólo dejan una mancha pasajera. En este sentido, se dice que los aceites esenciales son volátiles.

Los diferentes aceites esenciales

Producto natural por excelencia, de usos múltiples, los aceites esenciales se componen principalmente de alcoholes, ésteres, aldehídos, cetonas, fenoles y terpenos.

De esta forma, se los puede agrupar en tres grandes categorías que permiten una clasificación en función de su composición elemental:

Aceites esenciales hidrocarbonados

Estos aceites son ricos en terpenos. Son los más comunes. Los terpenos son energetizantes, tonificantes y antisépticos. Dentro de esta categoría, encontramos:

El aceite esencial de anís verde

Los principales constituyentes de este aceite son los terpenos, pero también el anetol y el metil chavicol. Tiene propiedades tanto en su uso externo como en su uso interno.

En uso interno, resulta antiespasmódico, estomacal, diurético y también un estimulante para todo el organismo (cardíaco, respiratorio...), y se aconseja en caso de palpitaciones, cólicos (sobre todo para los niños), asma y tos. Se puede preparar un bálsamo anisado para luchar contra las afecciones bronquiales. Para ello sólo hay que añadir a cualquier bebida ya preparada una pequeña cantidad (6 gotas) de la mezcla siguiente: 1 g de azufre y 4 g de esencia de anís verde.

El aceite esencial de limón

Para obtener un kilo de esencia, se necesitan aproximadamente 3.000 limones. La esencia de limón contiene cerca de un 95% de terpenos, aldehídos, alcanfor de limón... Además del aceite esencial, el limón se emplea en todas sus formas. Incluso es posible obtener un aceite graso de limón, puesto que el contenido en aceite de las pepitas del mismo es de un 30 a un 40%. El aceite graso de limón es de color amarillo más o menos oscuro y su sabor es más bien amargo. Este aceite graso puede servir para fabricar jabones, en cuyo caso puede asociarse con el aceite esencial de limón. El aceite esencial de limón, al igual como el limón, posee numerosas propiedades. En general, permite luchar contra todas las infecciones, la obesidad, la ictericia, etc. Se toman de 5 a 10 gotas de esencia de limón mezcladas con miel.

El aceite esencial de pino

Este aceite se obtiene por destilación al vapor de las agujas del pino silvestre. Con el aceite esencial de pino se pueden tratar todo tipo de infecciones de las vías respiratorias (resfriado, bronquitis, asma...), así como cualquier infección en general. Se añaden de 3 a 5 gotas de aceite esencial de pino a una cucharadita de miel. Esta mezcla puede tomarse 3 o 4 veces por día. La esencia de pino también puede inhalarse para luchar contra la gripe y la sinusitis. En este caso, se asocia a otros aceites esenciales, como los de lavanda, tomillo o eucalipto.

Aceites esenciales oxigenados

El aceite esencial de rosa

Es el aceite más preciado. Se obtiene a partir de los pétalos de la flor. Es una esencia fortificante en sentido amplio. Pero su coste prohibitivo hace que se reserve para usos cosméticos y de perfumería. El aceite esencial de rosa, o el agua de rosas, sirve de base para la fabricación de cremas regeneradoras de la piel (permite luchar contra la acné rosácea).

El aceite esencial de menta

Esta esencia se obtiene mediante destilación al vapor de las hojas y las sumidades florales de la menta. El aceite esencial de menta tiene mejores propiedades si la planta ha sido cultivada en regiones templadas frías. Se utiliza principalmente para combatir los problemas espasmódicos. También resulta beneficioso para el metabolismo hepático y tiene propiedades antiinflamatorias. Se puede tomar 3 o 4 veces por día, mezclando por ejemplo 1 gota del mismo con un poco de miel.

Aceites esenciales sulfurados

Son los que se extraen de las plantas de la familia de las crucíferas y de las liliáceas.

La cebolla

La cebolla es una de las plantas aromáticas del grupo de los aceites esenciales; sin embargo, no es nada conocido como aceite aromático.

En cambio, sus propiedades diuréticas, tónicas y antiinfecciosas hacen de él un magnífico alimento para destacar aquí.

El rábano blanco

Como planta de la familia de las crucíferas, entra también en esta categoría. Sin embargo, se aconseja consumirlo también en forma de raíz. Es diurético, revulsivo y estimulante.

La mayoría de los aceites esenciales son incoloros, solubles en alcohol y en éter, pero insolubles en agua. Los aceites esenciales, para ser de muy buena calidad, deben responder a cuatro criterios que son:

Identificación exacta de la planta

Existen numerosas variedades de una misma especie botánica. En consecuencia, cada planta debe responder a una identificación botánica así como a un tipo químico preciso. Pensemos en la menta, bajo cuyo nombre genérico se agrupan diferentes variedades, tales como la menta dulce, la menta apimentada, la menta verde, la menta de gato, etc., cada una de las cuales tiene propiedades y sabores diferentes.

La recolección y la extracción

La planta debe conservar todos sus principios aromáticos, no debe haber sufrido tratamiento mediante disolventes y debe ser objeto de una simple destilación o extracción mecánica.

La pureza de la esencia natural

El aceite esencial no debe ser, en origen, mezclado con otros aceites esenciales ni con otras esencias minerales ni productos de cualquier otro tipo. Para su uso terapéutico (medicina natural), los aceites esenciales deben ajustarse a estos criterios, puesto que serán sus propiedades las que actuarán sobre el organismo. Sin embargo, es frecuente que a los aceites esenciales se les añada alcohol, aceite fijado, aceites esenciales de menor calidad o, peor aún, ésteres sintéticos, gelatina... Por contra, en lo que a perfumes y cosméticos se refiere, los aceites esenciales pueden ser de una calidad inferior.

Modos de utilización

Podemos utilizar los aceites esenciales de dos modos diferentes:

En uso externo

En este caso, se presentan en forma diluida. Son todos los aceites esenciales que encontramos en las cremas, geles, pomadas, lociones alcohólicas o no, jabones, etc. Se utilizan de esta forma por sus efectos calmantes, tonificantes, dinamizantes, «adelgazantes», etc. En este contexto, se emplean muy a menudo complejos aromáticos.

En uso interno

Los aceites esenciales se utilizan para el tratamiento sintomático y deben tomarse en forma de gotas para diluir, según prescripción. Estos aceites esenciales pueden asociarse (aceites esenciales complejos), o no, siendo en este caso de una única especie.

Pero en cualquier caso deben responder a los cuatro criterios de calidad citados. Deben utilizarse con precaución y sólo bajo prescripción médica. Las esencias tienen, entre otras, grandes propiedades antisépticas. Deben conservarse en recipientes perfectamente cerrados al abrigo del aire y de la luz con el fin de evitar toda oxidación o polimerización.

Los diferentes usos posibles de los aceites esenciales

Se puede decir que hasta la revolución industrial los aceites esenciales fueron utilizados en su estado natural y de forma cotidiana.

Con el desarrollo de la técnica, la industria los ha ido utilizando cada vez más y en todos sus campos de actuación: en perfumería, la industria agroalimentaria, en el ámbito doméstico,etc. Desde el individuo hasta la industria, los aceites esenciales se emplean:

Para la aromaterapia médica

Forman parte de prescripciones médicas de la misma categoría que los medicamentos homeopáticos, porque se utilizan como la respuesta exacta a un problema de salud determinado.

Para la aromaterapia familiar

Esta utilización de los aceites esenciales se acerca más a la naturopatía, que considera los aceites como principios activos que nos permiten mantener un buen estado de salud general. En este contexto, se utiliza la noción de mantenimiento antes que la de curación; la de prevención antes que la de curación. Pero en caso de problemas leves también se pueden emplear ciertos preparados.

De esta forma se asocian el aceite graso y el aceite esencial para formar el «liposol», que es una preparación constituida por cinco gotas de un aceite esencial, elegido en función de los problemas concretos, que se añaden a un aceite de oliva de primera presión en frío. Esta dilución de un aceite esencial puede utilizarse en uso interno, pero también puede servir como ungüento o aceite de masaje (ver los masajes).

Para el arte culinario

En este caso, se emplean por sus propiedades aromáticas, pero también pueden ejercer un efecto benéfico sobre la salud. Aquí los aceites esenciales se utilizan generalmente en forma de hierbas aromáticas frescas (tomillo, laurel, perejil...), lo que permite conservar su perfume; o también en forma de plantas secas o en polvo, sobre todo en el caso de las plantas exóticas. Pero también podemos congelarlas, lo que permite que las plantas conserven en gran medida sus propiedades nutritivas y su sabor. Recordemos que se puede encontrar angélica, eneldo, anís verde, anís estrellado, cilantro, comino, hinojo, enebro, nuez moscada, perejil, guindilla, pimienta, cardamomo, laurel..., por citar solamente algunas. En el norte de África, por ejemplo, se emplea cotidianamente el aceite esencial de rosa para la elaboración de pasteles.

Para la perfumería

Los aceites esenciales ocupan un lugar de honor en la composición de los perfumes. En la actualidad, se utilizan más de 350 tipos de aceites esenciales diferentes.

Los aceites empleados en este campo, procedentes de elaboración artesanal o industrial, se utilizan por sus propiedades olorosas. Tanto si son aceites «artificiales» como naturales (como es el caso de determinados productos), se necesitan siempre al menos tres aceites esenciales para constituir un perfume.

Si desea probarlo, puede usted elaborar sus propios perfumes y también un aceite perfumado para las personas que no toleran el alcohol contenido en los perfumes y el agua de colonia. Este aceite perfumado deberá contener un 20% de aceites esenciales, que combinaremos con aceites finos (de avellana, de jojoba...).

Para los cosméticos

Los aceites esenciales se utilizan para la fabricación de cremas, lociones y tónicos, y permiten la limpieza y el cuidado de los diferentes tipos de pieles y de cabellos.

En este campo, se emplean sus propiedades y sus virtudes, porque los aceites esenciales tienen la facultad de penetrar fácilmente a través de la barrera cutánea.

Transformada en zona de intercambio, la piel será cuidada con buenos productos, cuya calidad general dependerá de la calidad de los aceites esenciales utilizados.

Añadimos a continuación un ejemplo de loción anticaspa que combina aceites esenciales con aceites grasos: se trata de un baño de aceite compuesto de tres gotas de aceite esencial de lavanda, tres gotas de aceite esencial de enebro, tres gotas de aceite esencial de niaouli y dos cucharadas soperas de aceite de oliva. Una vez por semana, se frota y se masajea el cuero cabelludo con esta preparación durante 4 minutos, y a continuación se cubre con un paño limpio durante una hora. Finalmente, se lavan los cabellos con un champú muy suave, ¡que también puede usted fabricar a partir de aceites esenciales!

En la industria de los productos de higiene

Los jabones, los champús, los geles de ducha, las espumas de baño, las sales de baño, los desodorantes, etc. incluyen en su composición aceites esenciales, ya sea por sus cualidades para la piel y los cabellos, ya sea para mejorar el perfume de estos productos.

En la industria alimentaria

Los aceites esenciales se añaden a preparados como las conservas, las sopas en polvo, las salsas, etc. para elaborar sabores variados.

En la industria de los productos domésticos

La mayoría de los limpiadores perfumados, las lejías, los desodorantes, las ceras, los desinfectantes, etc., incluyen en su composición aceites esenciales, lo que permite que posean un olor agradable y refuerza sus propiedades desinfectantes. Es el caso, por ejemplo, del aceite esencial de limón.

La fabricación de los aceites esenciales

Existen varios procedimientos de extracción de los aceites esenciales utilizados normalmente, tanto a nivel industrial como a nivel artesanal, y que lo son en función del origen de los aceites esenciales.

El procedimiento más antiguo es el de la destilación. Se colocan las plantas aromáticas en una cuba que será atravesada por vapor de agua. Este se combinará con los aceites esenciales y los arrastrará. El vapor de agua así combinado pasa a continuación por un serpentín en el que tiene lugar la condensación y enfriamiento. La diferencia de densidad entre el aceite esencial (más ligero, salvo algunas excepciones) y el agua permite separar los dos líquidos y recogerlos en un esenciero. Para esta operación, la elección del agua es importante, y será un factor determinante de la buena calidad del aceite obtenido. Es preferible utilizar agua de una fuente pura y poco mineralizada, sin añadir ningún tipo de producto contra la cal y, evidentemente, no polucionada.

Este procedimiento, muy antiguo, es el que nos permite obtener con toda certeza un aceite de excelente calidad. Los útiles de producción son de diferentes materiales según el lugar en que esta se realice y la escala de la producción: alambique de cobre, de hierro o de cristal para los laboratorios de investigación, y de acero inoxidable para la industria.

La presión (en bares) empleada durante la destilación determina la composición de los aceites esenciales. Cuanto más lenta sea la destilación, más componentes aromáticos pesados obtendremos. La destilación lenta resulta útil sobre todo para los aceites esenciales de uso terapéutico. Por contra, para los productos cosméticos y los perfumes, la destilación debe ser más rápida, pudiendo incluso fraccionarse para obtener diferentes tipos de aceites esenciales llamados:

- «Aceite de cabeza» para los aceites más sutiles y los perfumes más delicados.
- «Aceite de corazón» para los aceites esenciales un poco menos refinados pero de perfume muy intenso.
- «Aceites de cola» para los aceites de aroma más pesado.

Si las «fracciones de cabeza» se emplean para la perfumería, los dos tipos de aceites esenciales siguientes se emplean principalmente para la industria.

Otro método consiste en la extracción por expresión (presión) en frío. Este procedimiento es tradicional en ciertas regiones de Italia (como Sicilia). Se emplea únicamente para las cortezas aromáticas y es un procedimiento muy rudimentario. Se rasca la corteza para recuperar la esencia sobre esponjas naturales que son prensadas a continuación. En la industria se sustituye este procedimiento por una prensa hidráulica.

Las gomas o bálsamos

Se encuentran en el tronco de los árboles y se extraen por simple incisión. Es el caso del pino, el alcanfor, el incienso...

Un último tipo de extracción posible es la extracción mediante disolventes

Es ante todo un procedimiento industrial que puede utilizarse en perfumería, pero que, como ya hemos visto, no sirve para los aceites esenciales de uso terapéutico, porque contendrían trazas de disolvente y esto restaría propiedades a los aceites.

Se impone una constatación: los aceites esenciales se venden más o menos caros, porque al igual que sucedía con los aceites grasos de primera presión en frío, los aceites esenciales de primera calidad tienen un rendimiento menor y se venden, por consiguiente, a precios muy elevados.

El aceite esencial más caro de todos sigue siendo el aceite esencial de rosa.

Es fácil comprender que la industria falsifique o intente sintetizar los aceites esenciales para los usos más corrientes. Es por este motivo que debemos tener en cuenta que siempre que queramos hacer un uso aromaterapéutico de los mismos, deberemos emplear aceites esenciales de buena calidad.

En este caso no se necesitan en grandes cantidades y, en la mayoría de los casos, deberán mezclarse con otros productos como el alcohol o los aceites grasos.

Los aceites grasos asociados a los aceites esenciales

Los aceites aromáticos para masaje

Ya hemos visto que es posible mezclar aceites grasos con aceites esenciales para usos cosméticos o de aromaterapia, pero también podemos combinar los aceites esenciales con los aceites grasos para crear aceites aromáticos para masaje.

Para ello, basta con diluir los aceites esenciales deseados de un 20 a un 50% en algún aceite graso fino que contenga, si es posible, vitamina E, como por ejemplo el aceite de avellanas o el aceite de girasol.

En cualquier caso, los aceites grasos deben ser de primera calidad y de primera presión. En cuanto a los aceites esenciales, se escogerán en función de los efectos deseados.

Para obtener un efecto relajante

Se aconseja utilizar los aceites esenciales siguientes: albahaca, manzanilla, lavanda, mejorana o naranja amarga.

Para obtener un efecto estimulante circulatorio

Canela, nuez moscada o tomillo.

Para obtener un efecto estimulante en general

Limón, geranio, eucalipto o estragón.

Para obtener un efecto tónico venoso

Limón o ciprés.

Para obtener un efecto adelgazante

Limón.

Estos aceites son fáciles de preparar y se aplican también fácilmente mediante amplios movimientos circulares sobre la piel.

Autoestimulación de la pared nasal interna

Este masaje tan original se realiza con la ayuda de un bastoncillo de algodón (como los de los oídos). La estimulación permite luchar contra la fatiga, los problemas del sueño, las depresiones, los dolores migrañosos, la hipertensión arterial, la angustia, la ansiedad, el estrés, la sinusitis, etc. La técnica es simple: basta con empapar un bastoncillo de algodón en una mezcla de aceite esencial diluido a un 10% en un aceite graso fino de primera presión (se puede hacer con el mismo tipo de aceite graso empleado para los aceites aromáticos de masaje).

Este masaje debe realizarse con mucha suavidad, manteniendo el bastoncillo de algodón en horizontal hasta la aparición de las lágrimas, que son la señal que indica la reacción del sistema nervioso.

Este masaje puede realizarse de una a dos veces por día como máximo y sólo si es realmente necesario.

Las máscaras corporales

Los aceites esenciales se mezclan mal con el agua. Por contra, combinan muy bien con los aceites grasos. Es posible realizar máscaras a base de arcilla suave, aceites esenciales (que escogeremos cuidadosamente) y aceites grasos.

Para ello, se recomiendan los aceites de almendra dulce, de oliva y de girasol, que servirán como disolvente. Incluso aunque estos aceites no tengan una acción terapéutica específica, siempre que hayan sido bien escogidos, es decir, escogidos en función de su riqueza en ácidos grasos poliinsaturados y esenciales, conservan sus poderes regeneradores. En cualquier caso, deben ser de buena calidad y de primera presión.

En cuanto a los aceites esenciales, se escogerán en función de los efectos deseados, sobre todo si deseamos tratar una afección. Para ello, se aconseja consultar un libro sobre aromaterapia y sobre las propiedades de los aceites esenciales.

Aceites grasos que podemos utilizar nosotros mismos con fines no alimentarios

El aceite graso vegetal como producto para los cuidados de nuestro cuerpo

El aceite es suave y fluido, y posee propiedades beneficiosas tanto para el organismo, como ya hemos visto, como para la piel; el aceite nos ofrece también la posibilidad de su uso externo. Son sus propiedades químicas las que le permiten penetrar a través de la epidermis y de la dermis, y las que hacen más activos los principios de los aceites esenciales. Pero además de este papel como «vector de los principios activos de los aceites esenciales», el aceite graso posee, como tal, numerosas propiedades para el cuerpo y la piel. Los aceites protegen la piel del envejecimiento prematuro, suavizan, hidratan y nutren la piel gracias a su composición rica en ácidos esenciales y en vitamina E. Deben ser seleccionados, por tanto, en función de su contenido en estos elementos, siendo estos los motivos por los cuales la industria cosmética se sirve de ellos.

De la cocina al cuarto de baño no cambiamos de ingredientes. Sin embargo, aunque podamos preparar nuestros propios productos de belleza con aceites grasos, hay que procurar que estos sean aceites de primera presión en frío, no refinados, frescos, de cultivo biológico y que no hayan sido mezclados con otros. Para evitar que se vuelvan rancios y la posibilidad de que se alteren, deben conservarse al abrigo de la luz, en botellas de cristal bien cerradas. La utilización de estos aceites es muy simple y no requiere ninguna preparación. Por ejemplo:

El aceite de germen de trigo

Permite alimentar la piel, luchar contra su envejecimiento prematuro y evitar la deshidratación de las pieles demasiado secas. Puede utilizarse por tanto para el cuidado de las manos y, en general, para la piel en invierno o en temporadas de mucho frío, por ejemplo. Sus propiedades son debidas a su elevado contenido en ácidos grasos poliinsaturados y esenciales, pero también posee vitaminas liposolubles como las vitaminas A, D y K.

El aceite de jojoba

Este aceite tiene el aspecto de una cera. Hoy en día, se utiliza ampliamente por la industria cosmética porque permite sustituir la grasa de ballena de forma ventajosa. El aceite de jojoba posee numerosas propiedades que pueden tener un efecto benéfico sobre las diferentes partes del cuerpo, tanto para la piel como para los cabellos. Puede sustituir completamente a la crema de día, sobre todo en verano, porque posee un filtro de protección solar bastante importante.

En el caso de los cabellos, puede utilizarse como máscara capilar antes del lavado. Basta con untar los cabellos y dejarlo reposar un instante. Tiene el efecto de fortalecer, espesar y dar más brillo a los cabellos finos y lacios. Es un aceite que se conserva bien y durante mucho tiempo. Tiene por tanto todas las cualidades para constituir un perfecto producto de belleza.

El aceite de avellanas

Como ya hemos visto antes, es un aceite fino, fluido y de perfume delicado. Tiene las mismas propiedades que el aceite de almendras dulces, que es mucho más conocido. La piel lo absorbe muy fácilmente, por lo que permite una utilización «rápida». Puede servir como leche desmaquilladora para el rostro y también, igual que el aceite de almendras dulces, como aceite para hidratar la piel, tanto para los adultos como para los niños.

El aceite de albaricoque

Es un aceite muy rico en ácidos grasos insaturados (de 90 a 95%) y posee un índice de yodo muy elevado (105); también es muy rico en vitaminas A y E. Esta composición le confiere una gran utilidad para la piel, para la cual resulta muy beneficioso. Sin embargo, hay que destacar que es uno de los aceites más manipulados químicamente (existen más de 80 productos químicos legalmente autorizados para el cultivo y la conservación de los frutos del albaricoque), por lo que hay que procurar ante todo que los albaricoques empleados procedan de cultivo biológico. Otro inconveniente de este aceite es su fragilidad: se vuelve rancio muy fácilmente.

El aceite de onagra

También es un aceite muy rico en ácidos grasos poliinsaturados. Se recomienda tanto para las pieles secas o deshidratadas como para las estaciones frías, porque es un aceite que, si se emplea de forma prolongada, permite reestructurar la piel.

El aceite de tilo

Es un aceite muy rico en ácidos grasos poliinsaturados. Tiene un índice de yodo de 120. Este aceite es comparable al mejor aceite de oliva. No se comercializa para la alimentación porque su coste de producción es demasiado elevado. Por contra, es posible utilizarlo para el cuerpo y la piel. Ya conocemos las propiedades generales del tilo, árbol protector del hombre. Además, es un aceite que no se hace rancio fácilmente y puede conservarse durante mucho tiempo.

El aceite de tilo se recomienda sobre todo en caso de irritación o problemas de piel. Pero también puede utilizarse como masaje para fortalecer las uñas quebradizas. También puede emplearse en forma de baños.

El aceite de sésamo

Es un aceite que penetra fácilmente en la piel, igual como el aceite de avellanas. Se aconseja, sobre todo, en período de inclemencias (vientos, frío, lluvia...). Es un aceite muy asequible que puede utilizarse para todos los cuidados del cuerpo. Asimismo, combina bien con todas las plantas aromáticas y los aceites esenciales, por lo que puede servir de base para muchos y diversos preparados.

El aceite de girasol

Es uno de los aceites más comunes y uno de los menos onerosos. Hay que vigilar, sin embargo, que el aceite que utilicemos sea de primera presión y no refinado. En este caso, es un aceite rico en vitamina E, lo que permitirá alimentar la piel en profundidad.

Es un aceite muy recomendado para los masajes en general. Su fina textura le confiere también un importante papel en la composición de los aceites perfumados.

El aceite de coco

El aceite de coco forma parte de la composición de numerosos productos cosméticos. Se extrae de la pulpa de la nuez de coco y se recomienda, sobre todo, para el cuidado de los cabellos secos y frágiles, aunque también puede servir, gracias a sus propiedades nutritivas, como aceite de masaje, o sustituir al aceite de almendras, que es el aceite más recomendado para los masajes de los bebés.

El aceite de ricino

Es un aceite que empleamos aquí en uso externo. Si bien es un aceite no alimentario y poco agradable, tiene, por contra, grandes propiedades en su uso externo.

Se puede utilizar para cuidar las uñas quebradizas, que fortificará, y para luchar contra todas las afecciones de la piel, así como para el tratamiento de las manchas oscuras de la piel que aparecen con la edad o debidas al sol. También cura las pequeñas irritaciones de los ojos, para lo cual bastará con depositar unas gotas en el ángulo interno del ojo.

El aceite de oliva

No podíamos realizar este repaso a los aceites sin hablar del preciado aceite de oliva. Además de ser el mejor aceite para la alimentación, también se trata de un aceite excelente para los cuidados corporales. Es muy fácil de encontrar en los comercios y su precio es muy asequible, razones que hacen de él un aceite que se puede emplear cotidianamente. Como ya hemos visto con anterioridad, el aceite de oliva se utiliza especialmente para elaborar productos a base de plantas aromáticas y de aceites esenciales.

El aceite del árbol de la mantequilla

De su semilla, se extrae mediante presión y disolución un aceite concreto de color más bien blanco. No tiene olor y está compuesto básicamente por ácido esteárico (un 40%) y ácido oleico (un 50%). En la industria alimentaria, el aceite del árbol de la mantequilla únicamente tiene un reducido interés en la elaboración de pasteles y de la mantequilla vegetal.

Por contra, tiene un papel muy beneficioso a nivel de la epidermis porque posee propiedades cicatrizantes, hidratantes, calmantes y regenerativas. Se aconseja por tanto para retardar el envejecimiento de la piel y para proteger la epidermis cuando la expongamos al sol. Otro uso de este aceite de mantequilla está relacionado con los deportistas, porque ayuda a calentar la musculatura.

Todos estos aceites pueden emplearse solos o bien acompañados de otros ingredientes naturales, como en el caso de:

El baño aromático

Para preparar un baño aromático, hay que llenar la mitad de un frasco con plantas secas o incluso raíces en polvo que se seleccionarán en función del efecto deseado, igual como hemos hecho para el baño con aceites esenciales. A continuación, se acaba de llenar el frasco con un aceite fino. Antes de su utilización, hay que dejar reposar la mezcla durante un mes aproximadamente, porque se necesita cierto tiempo para que las plantas se maceren correctamente. El recipiente debe conservarse a temperatura ambiente y hay que agitarlo regularmente. Transcurrido este tiempo, se filtra el aceite y se introduce en una botella que puede cerrarse. Se trata, de hecho, del mismo procedimiento que se sigue para los marinados, pero en este caso, la elección de las plantas nos permitirá elaborar aceites de propiedades benéficas para el organismo. El aceite de manzanilla preparado de esta forma puede utilizarse para calmar los dolores aplicándolo en forma de fricciones. El aceite de hipérico, empleado también para realizar masajes suaves, ayuda a calmar las quemaduras y los dolores en general.

Pero los aceites pueden asociarse para formar un aceite complejo que posea las propiedades de todos ellos. De esta forma, es posible preparar una crema que corresponda realmente a las necesidades de un determinado tipo de piel, por ejemplo una crema nutritiva.

Crema nutritiva

Para obtener una crema nutritiva, se funden 30 g de lanolina y 40 g de mantequilla al baño María. Una vez que se haya enfriado ligeramente la mezcla, se añaden 1 cucharada sopera de aceite de germen de trigo y 50 g de aceite de jojoba, y se asegura de que todo quede bien mezclado. A continuación, se añaden 3 gotas de tintura de benjuí y 8 gotas de aceite esencial de verbena (que tiene propiedades calmantes). Esta crema resulta muy activa si se utiliza de forma prolongada.

Los aceites de belleza

Ls aceites eran los productos de belleza favoritos de egipcios, griegos y romanos hace muchos siglos, todavía representan hoy en día el *nec plus ultra* de los cosméticos. Compuestos únicamente por aceites vegetales de primera presión en frío y aceites esenciales, son estimulantes, protectores, regeneradores y suavizantes, y ayudan a conservar la juventud del cutis. Ricos en ácidos grasos insaturados, penetran bien la epidermis, la nutren y le devuelven su finura, su luminosidad y su suavidad.

Los cuidados del cutis

Si conoce los aceites grasos, los aceites esenciales y las plantas aromáticas, así como sus diferentes propiedades, podrá preparar cremas que se ajusten perfectamente a sus deseos y que sean totalmente naturales. De la misma manera como se pueden preparar ungüentos, cremas y baños a partir de los aceites vegetales, sean alimentarios o no, también podemos preparar cremas-tratamiento más específicas. Las mascarillas de belleza pueden elaborarse a partir de aceites.

Mascarilla para pieles de tipo graso

Realiza la función de limpiar en profundidad sin resecar mucho la piel. Se puede preparar a partir de 1/2 cucharada sopera de aceite de tilo o de avellanas, 1/2 cucharada sopera de aceite de jojoba, 1 cucharada sopera de arcilla verde natural y 2 gotas de aceite esencial de limón, cosa que nos ayudará a desincrustar la piel. Esta máscara se aplicará sobre la piel previamente limpia. La arcilla tiene una tendencia secante, por lo que no conviene esperar a que la mascarilla se haya secado del todo y empiece a agrietarse para retirarla, porque corremos el riesgo de estropear la piel.

Crema de base al aceite de oliva

Se funden al baño María 100 g de aceite y 20 g de cera blanca y se remueven sin cesar. A continuación, se deja enfriar la mezcla hasta que esté tibia y se añaden 50 g de agua de manantial. Después, se añaden 3 gotas de aceite esencial y se bate todo con un batidor hasta obtener una crema blanca.

Crema para pieles grasas

Se funden al baño María 30 g de cera blanca con 120 g de aceite de avellanas. A continuación, y ya fuera del fuego, se añaden 40 g de infusión de romero, 5 gotas de aceite esencial de romero, 5 gotas de aceite esencial de salvia y 5 gotas de aceite esencial de ajedrea. Finalmente, se mezcla todo enérgicamente.

Crema para pieles sensibles

Se mezclan al baño María 15 g de aceite de almendras dulces, 15 g de aceite de oliva, 15 g de aceite de germen de trigo y 15 g de cera blanca. A continuación, se añaden 20 g de zumo de pepino, 4 gotas de aceite esencial de tomillo, 4 gotas de aceite esencial de serpol y 8 gotas de aceite esencial de lavanda. Después, se bate todo preferiblemente con una batidora, con el fin de que quede bien homogéneo.

Crema «coup de fouet» para pieles cansadas

Se funden al baño María, muy lentamente, 50 g de mantequilla de karité. Una vez fuera del fuego, se añaden 5 cl de aceite de rosa almizclada, 2 gotas de aceite esencial de geranio, 2 gotas de aceite esencial de limón y 2 gotas de aceite esencial de ylang-ylang, y se mezcla todo muy bien.

También podemos utilizar los aceites para la preparación de máscaras a base de productos naturales.

Para pieles grasas

Con el fin de desincrustar las pieles grasas, se prepara una máscara mezclando 1 cucharada sopera de aceite de avellanas, 1 cucharadita de café de aceite de jojoba y 1 cucharada sopera de arcilla verde. A continuación, se añaden 2 gotas de aceite esencial de limón y 2 gotas de aceite esencial de romero.

Para pieles normales

Se mezclan 1 cucharadita de café de arcilla verde con 3 cucharaditas de café de leche y a continuación se añaden 2 gotas de aceite esencial de lavanda.

Se puede preparar una mascarilla revitalizante muy simple batiendo una yema de huevo con 1 cucharadita de café de aceite de oliva. También se puede preparar una mascarilla hidratante mezclando una cucharadita de café de aceite de almendras dulces con una cucharada sopera de nata.

Los cuidados del cuerpo

Hay que hidratar y suavizar nuestro cuerpo con un aceite de belleza (perfumado o no) o con otro tipo de producto graso vegetal. Para evitar que la piel se vuelva áspera y seca, para regularizar su tasa de hidratación, mejorar su elasticidad, conservar su vitalidad, suavidad y firmeza, resulta indispensable y también muy agradable un aceite de belleza nutritivo y regenerador: este hará que su piel sea suave y perfumada, la tonificará y, al mismo tiempo, la relajará.

Los aceites vegetales, como el de almendras dulces o el de sésamo, y la mantequilla de karité aplicados en forma de suaves movimientos circulares sobre todo el cuerpo harán maravillas, si se repite su aplicación de 2 a 3 veces por semana, como mínimo.

Algunos ejemplos:

- Aceite de lavanda: para relajar.
- Aceite de serpol: estimula el bronceado.
- Aceite de romero: para tonificar.
- Aceite de manzanilla: para el reumatismo.
- Aceite de lis: para suavizar la epidermis y conservar el frescor de la piel.
- Aceite de salvia: para revitalizar los tejidos.
- Aceite de hinojo: para atenuar las arrugas.

Aceite antiarrugas

Se mezclan cuidadosamente 5 cl de aceite de germen de trigo, 5 cl de aceite de hipérico, 5 cl de aceite de rosa almizclada, 10 cl de aceite de jojoba y 6 gotas de aceite esencial de ylang-ylang.

Aceite dorado

Para las pieles secas, cutis mixtos y también para antes, durante y después de tomar el sol. Se mezclan cuidadosamente 10 cl de aceite de zanahoria, 5 cl de aceite de ricino, 25 gotas de aceite esencial de zanahoria y 20 gotas de aceite esencial de naranja.

Aceite tónico

Para pieles desvitalizadas y cansadas. Se mezclan 10 cl de aceite de hueso de albaricoque, 5 cl de aceite de aguacate, 3 gotas de aceite esencial de geranio, 3 gotas de aceite esencial de limón y 2 gotas de aceite esencial de naranja.

Aceite vital

Ideal para regenerar la piel y retardar los efectos del envejecimiento. Se mezclan 5 cl de aceite de onagra, 5 cl de aceite de borraja, 5 cl de aceite de hipérico, 5 cl de aceite de rosa almizclada, 2 gotas de aceite esencial de ciprés, 2 gotas de aceite esencial de ylang-ylang, 1 gota de aceite esencial de geranio y 2 gotas de aceite esencial de lavanda.

Aceite tonificante

Se mezclan cuidadosamente 25 cl de aceite de oliva o de sésamo, 30 gotas de aceite esencial de romero, 30 gotas de aceite esencial de lavanda y 30 gotas de aceite esencial de serpol.

Aceite para pieles grasas

Se mezclan cuidadosamente 25 cl de aceite de avellanas, 15 gotas de aceite esencial de tomillo, 15 gotas de aceite esencial de ciprés y 15 gotas de aceite esencial de romero.

Aceite acidulado

Se toman 25 cl de un aceite vegetal de su elección y se calientan al baño María junto con la piel de un limón y la de una naranja durante unos 30 minutos. A continuación, se filtra y se añaden 10 gotas de aceite esencial de limón, 10 gotas de aceite esencial de naranja y 3 gotas de aceite esencial de sándalo.

Nutrir la piel con un baño de aceite

Una vez a la semana (o más si sus manos están seriamente dañadas), piense en un baño de aceite para sus manos. Hará maravillas, embellecerá su piel y le permitirá conservar durante largo tiempo su elasticidad. Si además le añade el zumo de un limón, fortalecerá sus uñas y blanqueará sus manos.

Baño fortificante para las manos

Se calientan 10 cl de aceite de ricino y 10 cl de aceite de oliva. Se añade el zumo de un limón, se sumergen en la mezcla las manos y las uñas durante 15 minutos, al tiempo que se aplica un masaje.

Aceite estimulante para los pechos

Para hacer más firmes los pechos y devolverles su tono, se mezclan cuidadosamente 5 cl de aceite de aguacate, 5 cl de aceite de germen de trigo, 5 cl de aceite de hipérico, 3 gotas de aceite esencial de romero, 3 gotas de aceite esencial de tomillo y 3 gotas de aceite esencial de *ylang-ylang*. Con la preparación resultante, se aplica un masaje suave en los pechos.

Aceite vitalidad

Para dar suavidad a su busto, se mezclan 10 cl de aceite de avellanas, 10 cl de aceite de jojoba, 5 gotas de aceite esencial de lavanda, 4 gotas de aceite esencial de mejorana y 4 gotas de aceite esencial de menta.

Las piernas

Los aceites permiten descansar y descongestionar las piernas. Aplíquelos por la mañana y por la noche, sobre todo si tiene usted tendencia a notar las piernas pesadas, los pies hinchados y un cierto «cosquilleo» en las piernas.

Estirado sobre la cama, con las piernas en vertical, se aplica el aceite mediante un masaje o un ligero movimiento circular desde los pies hasta la ingle, en dirección hacia el corazón. Hay que mantener las piernas elevadas durante algunos minutos.

Aceite tónico

Excelente para mejorar la circulación sanguínea, para aliviar la pesadez e hinchazón de las piernas y también para tonificar y dar firmeza a los tejidos. Se mezclan 20 cl de aceite de sésamo o de oliva, 20 gotas de aceite esencial de romero, 20 gotas de aceite esencial de tomillo, 20 gotas de aceite esencial de ciprés, 20 gotas de aceite esencial de limón, 20 gotas de aceite esencial de lavanda y 20 gotas de aceite esencial de menta. La preparación resultante se utiliza en forma de masaje, por la mañana y por la noche.

Aceite circulatorio

Para aliviar las varices y los edemas, se toman 20 cl de aceite de sésamo y se le añaden 15 gotas de aceite esencial de ciprés, 15 gotas de aceite esencial de enebro, 15 gotas de aceite esencial de romero, 15 de aceite esencial de cayeputi y 15 de aceite esencial de cilantro.

Fortalecer y eliminar

Un masaje corporal con un aceite vegetal compuesto con elementos activos favorece la eliminación de las grasas y tonifica la circulación.

Aceite anticelulitis

Para prevenir la celulitis e impedir que esta se instale, se aplica un masaje con un aceite compuesto por 20 cl de aceite de sésamo o de oliva mezclados con 30 gotas de aceite esencial de lemongrass, 30 gotas de aceite esencial de ciprés, 30 gotas de aceite esencial de lavanda y 30 gotas de aceite esencial de limón.

Aceite adelgazante

Se mezclan 20 cl de aceite de sésamo o de oliva, o incluso de avellanas, con 20 gotas de aceite esencial de ciprés, 20 gotas de aceite esencial de salvia, 20 gotas de aceite esencial de limón, 20 gotas de aceite esencial de ajedrea, 20 gotas de aceite esencial de tomillo, 20 gotas de aceite esencial de enebro y 20 gotas de aceite esencial de romero. Esta preparación también da firmeza a los tejidos.

Aceite fortalecedor

Se calientan hasta que queden tibios 20 cl de aceite de oliva. Se retiran del fuego y se añaden un puñado de romero, 1 puñado de mejorana, 1 puñado de tomillo, 1 puñado de orégano, 1 puñado de salvia y 1 puñado de bayas de enebro. Se deja macerar todo durante más de dos días. Finalmente, la preparación resultante se filtra y se le añaden 5 gotas de aceite esencial de ciprés.

Cuidados de los cabellos

Con estos cuidados sus cabellos se volverán suaves, brillantes, fáciles de peinar y más vigorosos. Son remedios excelentes para los cabellos estropeados y secos, y para los cabellos quebradizos como consecuencia del sol y los baños de mar del verano.

Para cabellos secos y quebradizos

Se mezclan cuidadosamente 20 cl de aceite de oliva, 15 gotas de aceite esencial de romero, 15 gotas de aceite esencial de serpol, 15 gotas de aceite esencial de geranio y 20 gotas de aceite esencial de lavanda.

Para cabellos grasos

Se mezclan 20 cl de aceite de coco, 20 gotas de aceite esencial de eucalipto, 20 gotas de aceite esencial de romero y 20 gotas de aceite esencial de lavanda.

Contra la caída de los cabellos

Se mezclan 20 cl de aceite de ricino, 2 cucharadas de café de aceite esencial de romero y 2 cucharaditas de café.

El sol y el aceite

Con el fin de proteger la piel en el momento de exponerla al sol, puede preparase un excelente aceite solar a base de 5 cl de aceite de oliva, 5 cl de aceite de aguacate, 5 cl de aceite de sésamo y 25 gotas de aceite esencial de *ylang-ylang*. Se mezcla todo muy bien y se unta el cuerpo generosamente.

Para estimular el bronceado

Se llena un frasco con sumidades florales de serpol y se cubren con 15 cl de aceite de aguacate. Se deja macerar durante diez días y después se filtra. Tendrá un bronceador natural y duradero.

Aceites para después del sol

Puede usted emplear con éxito cualquiera de los siguientes aceites que poseen propiedades calmantes y regeneradoras: aceite de oliva, aceite de aguacate, aceite de hipérico, aceite de lis, aceite de germen de trigo.

Recetas a granel

- Para tener las pestañas largas y fuertes, hay que embeberlas en aceite de ricino.
- Para prevenir y curar los labios agrietados, se aplica un masaje sobre los labios con un aceite preparado macerando en 10 cl de aceite de jojoba 5 g de flores de caléndula y 5 g de malva durante 10 días. Se filtra y se añaden 3 gotas de aceite esencial de limón y 2 gotas de aceite esencial de lavanda.
- Contra el acné rosácea: se aplica un masaje con aceite de hipérico al que se han añadido algunas gotas de aceite esencial de ciprés y de ajedrea.
- Para atenuar las cicatrices y ayudar a que desaparezcan: se puede utilizar un aceite de rosa almizclada o un aceite de margarita.

El aceite graso y sus pequeños usos domésticos

Además de poseer efectos benéficos sobre el organismo y, en sentido más amplio sobre el cuerpo, los aceites vegetales también pueden formar parte de la composición de productos de limpieza para determinados materiales.

El cuero

El cuero es también una piel que hay que nutrir y que puede ser conservada gracias a una mezcla de aceite de avellana (que tiene la ventaja de penetrar rápidamente) y vinagre de alcohol. Basta con empapar un algodón limpio y suave con esta mezcla y pasarlo delicadamente sobre el cuero. A continuación, hay que frotar el cuero rápidamente con una piel de cítrico (como el limón).

Si el cuero está un poco envejecido y sin brillo, recuperará inmediatamente un hermoso brillo. Esta aplicación se recomienda sobre todo para las pieles de sofás, canapés y muebles que no sean de colores demasiado claros.

El aceite de avellanas se puede encontrar en cualquier establecimiento especializado en productos dietéticos. En caso de no encontrarlo, se puede preparar la mezcla con aceite de lino, que tiene grandes propiedades secantes. Todas las pieles barnizadas pueden tratarse con aceite de ricino, que nutre el barniz, lo protege y permite una limpieza posterior de las mismas, ya que el barniz no puede encerarse.

Las joyas

Más original pero igual de eficaz, se puede limpiar el coral de las joyas con una mezcla de tres dosis de aceite de cacahuete y una de esencia de trementina. Después de frotar el coral con esta mezcla, hay que secarlo con un papel muy fino y delicado, como el papel de seda.

La madera

Una mezcla de dos terceras partes de aceite de lino y una tercera parte de gasolina permite renovar una madera barnizada que haya sufrido una quemadura de cigarrillo. Basta con frotar el mueble con un paño suave embebido en esta mezcla.

También puede renovar una madera preparando una pasta con aceite de oliva y sal. Se deposita sobre la parte de la madera quemada y se deja reposar durante unos minutos. A continuación, se frota con un paño suave.

Y estos no son más que algunos ejemplos de los múltiples usos del aceite vegetal. Hemos podido ver que tienen un rol mucho más importante que el que tendíamos a concederle en nuestra cocina. Incluso se han hecho un sito en el lenguaje popular...

Los aceites en el lenguaje popular

No podíamos concluir esta presentación global sobre los aceites vegetales que testimonia la importancia que tienen en nuestras vidas cotidianas sin incluir también el uso que nuestra lengua hace del mismo. Citaremos algunos ejemplos:

- Extenderse como una mancha de aceite
- La mar está como una balsa de aceite (plana)
- Echar aceite al fuego (echar leña al fuego)
- Bañarse en aceite
- Los santos óleos
- Estar bien engrasada (una máquina)
- Poner vaselina en una relación (dar pruebas de diplomacia).

Y más recientes todavía:

- Materia grasa contra materia gris

Conclusión

Desde las expresiones populares que evocan las propiedades de los aceites hasta la realidad que nos muestra al aceite como componente básico de numerosos productos, no tenemos más remedio que reconocer el papel esencial que los aceites juegan en nuestra vida cotidiana.

Este repaso global nos habrá permitido no solamente reconsiderar lo que parecía ser un añadido en nuestras ensaladas, sino también recordar que el aceite es un alimento procedente del mundo vegetal, que es natural y que ofrece, por la multiplicidad de sus variedades, sabores diferentes e incluso propiedades diferentes e indispensables para el buen funcionamiento del organismo.

Vocabulario del aceite

ALDEHÍDO
Nombre genérico dado en química a los compuestos orgánicos que poseen el grupo funcional -CHO.

ALDOSTERONA
Nombre dado en bioquímica a la hormona mineralocorticoide que es secretada por las glándulas corticosuprarrenales y regula el intercambio de sodio y potasio a nivel renal.

ALFA
Planta originaria de Argelia y España que sirve para fabricar papel, cuerdas y tejidos toscos.

APORTE CALÓRICO DIARIO
Es la ración que cubre las necesidades energéticas diarias, aportando un 15% de proteínas, un 50-55% de glúcidos y un 30-35% de lípidos.

AROMATERAPIA
Tratamiento de los problemas de salud, de las enfermedades, mediante las esencias de ciertas plantas.

ATEROMA
Nombre dado en medicina a las lesiones de la capa interna de las arterias causadas por depósitos lipídicos (colesterol).

CETONA

Abreviación de acetona. Es el nombre dado en química a los compuestos cuya forma responde al esquema R-CO-R′, siendo R y R′ dos radicales hidrocarbonados. Las propiedades de las cetonas son próximas a las propiedades de los aldehídos. Las cetonas son las responsables del perfume de las esencias vegetales (alcanfor...).

COLESTASIS

Es una patología relacionada con la obstrucción de las vías biliares.

CORTISOL

Nombre utilizado en bioquímica para designar la hormona principal más activa de todas las hormonas corticoides, que actúa sobre el metabolismo de los glúcidos y es secretada por las glándulas corticosuprarrenales.

EPITELIO

Nombre dado en anatomía a la membrana o tejido formado de células yuxtapuestas.

ESPARTO

Gramínea cuyas hojas pueden trenzarse.

ESTERIFICACIÓN

Es la transformación (conversión) química de un alcohol o de un fenol por la acción de un ácido carboxílico, con eliminación de agua. El compuesto resultante de esta reacción es un éster.

EXTRACCIÓN MEDIANTE DISOLVENTES

Tiene por objetivo recuperar el aceite que todavía se encuentra en el orujo. Para ello se emplea un disolvente volátil que en la mayoría de los casos es el hexano. El aceite se recupera en solución junto con el disolvente y el disolvente es eliminado por evaporación.

FOSFOLÍPIDOS
Lípidos fosforados presentes en todas las células vivas.
Los fosfolípidos juegan un papel metabólico muy importante porque son los constituyentes permanentes de las membranas biológicas.

HIDRATOS DE CARBONO
Sinónimo de glúcidos.

JABÓN
Es el nombre que reciben en química las sales de los ácidos grasos.

LIPOPROTEÍNA
Es la asociación de lípidos y de proteínas. Están formadas por dos partes que son:

- Un núcleo central principalmente constituido por colesterol esterificado y triglicéridos (en proporción variable).
- Una cubierta periférica compuesta por colesterol libre y proteínas dispersadas sobre su superficie, y también por fosfolípidos.

La diferente proporción de ambos es lo que permite distinguir las diferentes lipoproteínas (HDL y LDL).

LITARGIRIO
Término técnico que designa el óxido de plomo utilizado en la fabricación de productos antióxido y de masillas.

MISCELLA
Nombre que recibe comúnmente la solución formada por el aceite y el disolvente en el momento de su extracción mediante disolventes.

NUEVAS ESPECIES QUÍMICAS
Término que designa todos los compuestos químicos surgidos durante el calentamiento de las materias grasas, gracias a la acción del calor y del oxígeno del aire. Son todas las especies químicas producidas por la alteración del aceite.

Estas alteraciones se traducen en la aparición de compuestos de oxidación, una isomerización de los ácidos grasos insaturados, una alteración de la composición glicérica, reacciones de hidrólisis y la formación de polímeros intergliceridicos.

ORUJO

El orujo constituye el residuo sólido que se obtiene tras la presión de una materia vegetal para obtener aceite. También recibe el nombre de «expeller» u orujo de presión. Todavía contiene entre un 10 y un 25% de aceite, de ahí la necesidad de tratarlo mediante disolventes (extracción mediante disolventes) para recuperar el aceite contenido en él, que recibe el nombre de aceite crudo de presión en el momento del refinado. Finalmente, una vez extraído el aceite, se elimina por evaporación el disolvente contenido todavía en el orujo final, que en este momento recibe el nombre de orujo deslipidizado. Este es comercializado directamente para las industrias de alimentación animal o puede utilizarse también para la preparación de concentrados proteicos.

PROSTAGLANDINA

Nombre dado en bioquímica al compuesto derivado del ácido prostanoico, que se aisló originariamente en la próstata pero que también se halla presente en muchos otros tejidos. Esta sustancia desempeña un papel en la agregación de las plaquetas sanguíneas, en la regulación hormonal y en el funcionamiento del sistema simpático.

PROTROMBINA

Nombre dado en biología a la globulina, un factor de coagulación sanguínea.

SACCULA

El saccula es un gran saco tejido de lana de cordera o de pelos de cabra. Los frutos eran introducidos en el saco y triturados con los pies por un hombre y una mujer.

El principio del saco y de la torsión era conocido en la Antigüedad, puesto que, para el vino, existen ilustraciones del mismo ya en el antiguo Imperio egipcio, en los relieves de Saqqarah. Esta tradición perduró hasta el nuevo Imperio.

SECANTE
Se dice de los aceites que se polimerizan rápidamente en contacto con el aire y, en consecuencia, se endurecen y se secan muy rápidamente. Son aceites que pueden resultar más o menos irritantes en el momento de consumirlos si no han pasado por un tratamiento específico.

TROMBOSIS
Enfermedad cardiovascular que se traduce en la formación de un coágulo sanguíneo. El coágulo puede acabar obstruyendo totalmente la arteria coronaria, lo que desembocaría en un infarto de miocardio.

TOCOFEROL
Sinónimo de vitamina E.

TRIGLICÉRIDOS
Proceden de la fijación de tres ácidos grasos por el glicerol: en consecuencia, son el resultado de la esterificación del glicerol por los ácidos grasos. Es precisamente su naturaleza de ácidos grasos fijados (saturados, monoinsaturados o poliinsaturados), lo que determina la calidad de un triglicérido.

Col. EL RÉGIMEN ESENCIAL

10 x 14,5 cm

EL RÉGIMEN VEGETARIANO
de Monique Egé

¿Es cierto que necesitamos comer carne para estar sanos? Frente a la costumbre mayoritaria en el mundo occidental de hacer de la carne el plato fuerte de las comidas y de utilizar alimentos refinados, un número creciente de personas optan por alimentarse exclusivamente de vegetales, de derivados animales y de productos integrales. Conozca una de las dietas específicas más seguidas en el mundo entero, la composición de los vegetales y los beneficios que reportarán a su salud.

Ref.: 004-001
Págs.: 96

EL RÉGIMEN ANTI-COLESTEROL
de Monique Egé

¿Por qué sube el nivel de colesterol? ¿Qué es el colesterol "bueno" y el colesterol "malo"?¿Cómo mantener a raya el nivel de colesterol? Todas estas preguntas tienen su respuesta en este libro claro, riguroso y práctico. Claro porque explica qué elementos necesita nuestro organismo y qué le proporcionan los alimentos; riguroso porque está actualizado con los últimos conocimientos médicos, y práctico porque le informa de la composición de los alimentos y le propone menús que le ayudarán a estar sano sin renunciar a una alimentación equilibrada y sabrosa.

Ref.: 004-002
Págs.: 96

EL RÉGIMEN EN GRUPO
de Monique Egé

Este libro se dirige a todas las personas que han intentado sin éxito perder peso y a las que quieren perderlo en las mejores condiciones. Expone las diferentes técnicas que permiten modificar nuestros hábitos alimenticios más agradablemente, sin caer en el desánimo, gracias al sostén de un grupo de personas que comparten el mismo objetivo. Mediante el apoyo psicológico del grupo, usted tendrá todas las bazas necesarias para afrontar con éxito la pérdida de peso y, sobre todo, disfrutar de un cambio real y duradero en su alimentación.

Ref.: 004-003
Págs.: 96

EL RÉGIMEN HIPOCALÓRICO
de Monique Egé

La preocupación por la gordura es relativamente moderna, y se corresponde con la abundancia y variedad de alimentos que podemos encontrar en cualquier época del año. El progreso en la agricultura y en los medios para conservar los alimentos han hecho posible que podamos comer de todo durante todo el año. De todo y mucho. El régimen hipocalórico es el más conocido y practicado para conseguir reducir las grasas. Esta obra propone un tipo de alimentación basado en la reducción de calorías, y apunta distintos tipos de menús en función del número de kilos que se desea perder.

Ref.: 004-004
Págs.: 96

EL RÉGIMEN DISOCIADO
de Monique Egé

He aquí un régimen innovador pensando no sólo para adelgazar, sino para mejorar el funcionamiento del organismo y de la digestión. ¿Qué alimentos perjudican a nuestro organismo y cuáles no? ¿Cómo debemos combinarlos para perder peso? Tiene entre sus manos una introducción a la teoría que defienden con éxito Michel Montignac y otros expertos en nutrición: para adelgazar no es necesario pesar cada comida ni calcular las calorías que tomamos al día, sino simplemente conocer las reglas de combinación de los alimentos, de modo que nuestro organismo salga beneficiado.

Ref.: 004-005
Págs.: 96

EL RÉGIMEN MACROBIÓTICO
de Monique Egé

La macrobiótica es el arte de vivir basado en los principios que rigen el Universo y en la relación entre el yin y el yang. La alimentacion que recomienda persigue tanto el equilibrio físico como el psíquico, y permite vivir mejor y más largamente. Aprenda a conocerse a sí mismo y a elaborar su propio régimen de modo que pueda compensar sus carencias y suavizar sus excesos, a fin de que la vida se convierta en un arte que armonice su ser con el Universo.

Ref.: 004-006
Págs.: 96

Col. LA SALUD EN TUS MANOS

13 x 19 cm

TÍTULOS EN PREPARACIÓN

AROMATERAPIA
de Sheila Lavery

La aromaterapia es una de las artes curativas más delicadas y versátiles que existen. Aprovechando las propiedades terapéuticas de los aceites esenciales extraídos de las plantas aromáticas, pueden aliviarse muchas dolencias físicas y psicológicas. Desde el estrés hasta los trastornos de la piel, desde problemas respiratorios hasta molestias digestivas, los aceites esenciales pueden seleccionarse según sus propiedades curativas específicas y aplicarse de muchas formas, tales como el baño o el masaje.

Ref.: 008-001
Págs.: 64

HOMEOPATÍA
de Cassandra Mark

La homeopatía es quizás una de las terapias alternativas más conocidas por todos. Hace 200 años, el médico alemán Samuel Hahnemann empezó a tratar los problemas individuales como un todo y no como síntomas aislados, y ése fue el principio de la homeopatía. Esta sencilla y clara introducción nos informa exhaustivamente sobre la homeopatía y explora sus técnicas y métodos. *Homeopatía, pequeña guía visual* es una guía excelente para aprender a curar de una forma sencilla y de eficacia demostrada.

Ref.: 008-002
Págs.: 64

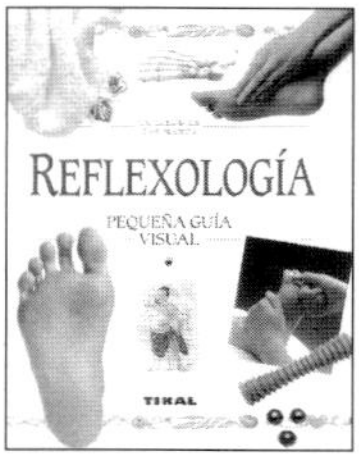

REFLEXOLOGÍA
de Nicola Hall

El masaje terapéutico de los pies es un efectivo método holístico de curación, utilizado por primera vez por los antiguos chinos y egipcios. Si se aplica una suave presión en ciertas zonas de los pies que se relacionan con partes específicas del resto del cuerpo, se puede aliviar una gran cantidad de dolencias. Esta excelente introducción a la reflexología explica los principios de este método y ofrece un completo estudio de las distintas técnicas que se pueden utilizar. Es una guía práctica para conseguir la curación de una forma sencilla y efectiva.

Ref.: 008-003
Págs.: 64

VITAMINAS Y MINERALES
de Karen Sullivan

Todos sabemos que las vitaminas y minerales son esenciales para mantenerse sano, pero con el ritmo acelerado que impone la vida moderna es más sencillo consumir los alimentos procesados y descuidar las necesidades de nuestro cuerpo. Esta guía práctica nos aclara el aporte diario de vitaminas y minerales esenciales que necesita nuestro organismo y qué alimentos naturales nos los proporcionan.

Ref.: 008-004
Págs.: 64

Colección NATURISMO

15,5 x 21 cm

SALUD INTEGRAL CON LA HOMEOPATÍA
de Josef Heinrich P. Kreuter

Conozca y sepa cómo preparar y aplicar los remedios homeopáticos en todas las situaciones. Todos los partidarios de las terapias naturales tienen en este libro una obra de consulta obligada, puesto que se trata de un estudio completo y muy asequible para todos. Contiene un apéndice con el botiquín homeopático casero.

Ref.: 010-001
Págs.: 272

TRATAMIENTOS NATURALES PARA ALIVIAR LOS DOLORES DE ESPALDA
de H. Hess, K. Eder, H.J. Montag y K. Schutt

Aprenda a prevenir y a tratar los dolores en la espalda, el cuello y el pecho, dolencias que en España son la causa más común de las bajas laborales. Contiene ejercicios de estiramientos, terapias con calor, agua y frío, técnicas de relajación, etc. Ilustrado.

Ref.: 010-002
Págs.: 192

EL MASAJE SHIATSU
de Gerhard Leibold

Todas las técnicas y ejercicios, ilustrados paso a paso, para recuperar el dominio mental del cuerpo y reconquistar el equilibrio y la belleza interior. Usted percibirá los resultados de este masaje a los pocos días de practicarlo. Ilustrado.

Ref.: 010-003
Págs.: 254

TAI CHI CHUAN
de Foen Tjoeng Lie

Los armónicos movimientos del Tai Chi, mostrados al lector a través de 250 fotografías e ilustraciones, mostrarán al lector el camino de la paz y la conciencia. Por fin, un especialista oriental accede a adaptar este arte a la mentalidad occidental.

Ref.: 010-004
Págs.: 142

DICCIONARIO TIKAL DE LAS FLORES QUE CURAN
de Anette Frankenberger

Lo sabemos desde hace siglos: el mundo vegetal es nuestro aliado más importante a la hora de prevenir y de curar la enfermedad. Ahora tenemos la necesidad de volver a esta idea, después de la terrible decepción que ha supuesto la medicina química. Esta obra, en forma de diccionario, le presenta los nuevos remedios florales que le permitirán cuidar de su salud y mantener en forma su cuerpo. La primera parte del libro ofrece un completo catálogo de las flores de California y en la segunda se especifica qué tipos de remedios florales –de California y del doctor E. Bach– son más adecuados para cada dolencia.

Ref.: 010-013
Págs.: 242

YOGA PARA PERSONAS MUY OCUPADAS
de Marie Françoise Lemoine

Si a usted le han narrado las excelencias del yoga pero no tiene demasiado tiempo para dedicarse a él, éste es el libro que debe comprar. Lemoine traza en su obra una completísima guía visual para los que desean practicar el yoga en casa, a la búsqueda del relajamiento muscular, la serenidad de la mente y el descanso del cuerpo. Después de las primeras sesiones usted ya notará los beneficios del yoga: su cerebro trabajará con más eficacia y su cuerpo responderá con mayor armonía a las constantes exigencias que el ritmo actual de vida impone.

Ref.: 010-014
Págs.: 238

EL PODER DE LOS ALIMENTOS QUE CURAN
de Danièle Ryman

Este libro está compuesto de dos partes: en la primera se relacionan más de cien alimentos comunes con sus efectos curativos inmediatos y en la segunda se analizan los doce sistemas del cuerpo. Aprenda cómo mantener sano cada sistema y cómo prevenir y tratar los trastornos usando los alimentos aromaterapéuticos adecuados.

Ref.: 010-015
Págs.: 352

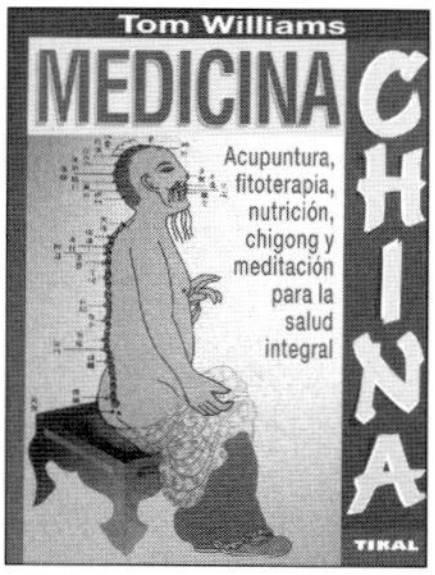

MEDICINA CHINA
de Tom Williams

Para la medicina china, la enfermedad se desarrolla como consecuencia de un trastorno que tiene su origen en el cuerpo mental y emocional de la persona, y la curación debe abarcar todo el cuerpo, porque es todo el cuerpo el que está enfermo. Aunque el lenguaje que utiliza para describir al ser humano es a menudo simbólico, el resultado es un retrato completo y global. Comprenda la íntima relación que existe entre nuestra forma de ser y nuestras enfermedades gracias a este libro claro y revelador, enriquecido con ejemplos y ejercicios.

Ref.: 010-016
Págs.: 192

TODO LO QUE LAS FLORES DE BACH PUEDEN HACER POR TI
de Claudia Stern

El doctor Edward Bach (1886-1936) descubrió las propiedades curativas de las flores y propuso un sistema de esencias florales destinado a corregir los desequilibrios emocionales que nos enferman.

Claudia Stern, psicóloga, profesora de la Facultad de Medicina de Buenos Aires, psicóloga clínica y terapeuta floral, ha escrito este libro claro y útil, basado en su práctica diaria.

Ref.: 010-017
Págs.: 304

COLORES QUE SANAN
de Daniel Beresniak

Obra práctica que le mostrará cómo usar los colores para comunicarse con los demás y desarrollar un espacio físico armónico. Daniel Beresniak, además, expone en su libro la gran importancia que tiene la cromoterapia en los tratamientos psicológicos de los principales trastornos que solemos padecer: estrés, angustia, fobias, crisis nerviosas, miedos incontrolados, ansiedad, depresión, etc. La segunda parte de la obra propone unas sencillas pruebas que le llevarán a la reflexión y a una posterior mejora del uso de los colores en su vida.

Ref.: 010-019
Págs.: 238

DAR VIDA A LOS AÑOS CON LA HOMEOPATÍA
de Keith Souter

Desde hace ya algunos años nos hemos ido dando cuenta de que las medicinas químicas no son la panacea. Por eso, cada vez más personas vuelven la vista hacia aquellos remedios no agresivos que, en armonía con la naturaleza, pueden ayudarnos a prevenir y a curar las enfermedades más comunes. A partir de los 40 años, además, nuestro organismo requiere una atención importante, puesto que está científicamente demostrado que un cuidado natural a esa edad proporciona en años posteriores una calidad de vida difícil de conseguir por otros medios.

Ref.: 010-020
Págs.: 224

MADRE TIERRA, HERMANA LUNA
de Clara Castellotti

No es fácil afrontar dos temas aparentemente distintos como son la aplicación de métodos naturales a una patología, y el encontrar el sentido oculto y espiritual de nuestras respuestas físicas. Este es el objetivo de la presente obra. *Madre Tierra, Hermana Luna* es un libro que va más allá de la enfermedad y de su curación; es una invitación a la observación y a la reflexión, a curar tanto el cuerpo como la mente y el espíritu, a sentirse uno con el corazón de la Tierra.

Ref.: 010-021
Págs.: 192